Zach Davis
Zeitmanagement für gestiegene Anforderungen
70 Fragen und Antworten zum effektiveren Umgang mit zeitlichen Ressourcen

W0190289

Reihe
Soft Skills kompakt
Herausgegeben von Stéphane Etrillard
Band 16

Ausführliche Informationen zu jedem unserer lieferbaren und geplanten Bücher finden Sie im Internet unter ↗ http://www.junfermann.de. Dort können Sie unseren Newsletter abonnieren und sicherstellen, dass Sie alles Wissenswerte über das Junfermann-Programm regelmäßig und aktuell erfahren. – Und wenn Sie an Geschichten aus dem Verlagsalltag und rund um unser Buch-Programm interessiert sind, besuchen Sie auch unseren Blog: ↗ http://blogweise.junfermann.de.

ZACH DAVIS

ZEITMANAGEMENT FÜR GESTIEGENE ANFORDERUNGEN

70 FRAGEN UND ANTWORTEN
ZUM EFFEKTIVEREN UMGANG MIT ZEITLICHEN RESSOURCEN

Junfermann Verlag
Paderborn
2012

Copyright	Junfermann Verlag, Paderborn 2012
Coverfoto	© Petr Ciz - Fotolia.com
Covergestaltung / Reihenentwurf	Christian Tschepp
Satz	JUNFERMANN Druck & Service, Paderborn

Bibliografische Information der Deutschen Bibliothek	Die Deutsche Bibliothek verzeichnet diese Publikation in der Deutschen Nationalbibliografie; detaillierte bibliografische Daten sind im Internet über http://dnb.ddb.de abrufbar.

ISBN 978-3-87387-909-6
Dieses Buch erscheint parallel als E-Book (ISBN 978-3-87387-910-2).

Inhalt

Vorwort

Eine der häufigsten Fragen, die mir im geschäftlichen Umfeld gestellt wird, ist: Wie schaffen Sie das bloß alles? Auch in meiner Abwesenheit scheinen Diskussionen und manchmal sogar Gerüchte in Bezug auf die Ursachen meiner Produktivität nicht zu versiegen. Allein die Vielfalt der Erklärungsansätze ist für mich immer wieder erstaunlich.

Natürlich schmeichelt mir die Fragestellung, vor allem weil es mir wichtig ist, nur solche Inhalte zu vermitteln, die ich vorlebe. Die Wahrheit ist, dass eine hohe Produktivität Ursachen hat – nicht mehr, aber auch nicht weniger. Wenn jemand beispielsweise seine Kondition verbessern möchte, dann gibt es klar definierbare Verhaltensweisen, die zu einer Verbesserung führen werden. Genauso gibt es Verhaltensweisen, die zu einer Stagnation oder Verschlechterung führen werden. Das klingt simpel. Aber die Wahrheit ist, dass die meisten Menschen sich zunehmend gefangen fühlen – in der wachsenden Komplexität und den steigenden Anforderungen, die oft aus mehreren Richtungen gleichzeitig kommen.

Die klassischen Herausforderungen in Bezug auf das Thema Zeitmanagement bestehen weiterhin: Man muss sich selbst gut organisieren, die richtigen Prioritäten setzen und ordentlich planen können. Aber in den letzten Jahren haben sich die Bedingungen verschärft: Die Anzahl der Unterbrechungen hat zugenommen und das Maß der Fremdsteuerung ist gestiegen. Die Anzahl der Aufgaben, die neben der eigentlichen Hauptaufgabe (fachlich oder führungsbezogen) an einen herangetragen werden, hat an den meisten Stellen ein höheres Niveau erreicht. In vielen Bereichen haben sich die Anforderungen der Kunden sowie der markt- und führungskräfteseitige Druck verschärft. Hieraus resultierend ist das Stressniveau für sehr viele Menschen deutlich gestiegen.

Auch wenn sich die Rahmenbedingungen an vielen Stellen verändert haben, gibt es durchaus eine Welt, in der die Dinge zumindest deutlich einfacher sind. Egal in welcher Branche, egal auf welcher Ebene, egal in welchem Funktionsbereich: Es gibt immer auch Menschen, die sich Verhaltensweisen angeeignet haben, die ihnen helfen, überdurchschnittliche Ergebnisse zu erzielen und hierfür unterdurchschnittlich viel Zeit investieren zu müssen. Darum geht es in meinen Vorträgen, meinen Seminaren, in der Beratung meiner VIP-Kunden und darum geht es in diesem Buch.

Ich lade Sie ein, einen Stück des Weges gemeinsam zu gehen.

1. Prioritäten setzen ist eine Schlüsselfähigkeit

„Zeitmanagement ist Prioritäten-Management". In dem alten Spruch liegt weiterhin viel Wahrheit, auch wenn es darüber hinaus zahlreiche andere Aspekte des Zeitmanagements gibt. Warum ist das Prioritäten-Management so wichtig? Der Grund hierfür ist relativ einfach: Es gibt wesentlich mehr Dinge, die Sie tun könnten, als Sie Zeit zur Verfügung haben. Selbst wenn wir die Betrachtung auf berufliche Aufgaben beschränken, gilt dies. Hand aufs Herz: Wann waren Sie zuletzt mit allen beruflichen Aufgaben fertig? Die meisten Menschen können sich hieran nicht mehr erinnern. Nehmen wir an, Sie haben zu einem bestimmten Zeitpunkt 30 offene Aufgaben. Dann arbeiten Sie fünf Aufgaben ab. Was passiert in der Zwischenzeit? Genau, es kommen sieben neue dazu. Das Ziel, alle Aufgaben abzuarbeiten und diesen Zustand beizubehalten, ist zum Scheitern verurteilt. Da dieses Ziel zwar häufig formuliert, aber selten erreicht wird, führt es häufig zu Unzufriedenheit oder gar Frustration.

Meine Empfehlung lautet: Streichen Sie das Ziel, alles zu erledigen, und konzentrieren sich auf ein richtig gutes Prioritätenmanagement in Bezug auf Ihre Zeitverwendung. Wenn Sie hierzu ein hohes Bewusstsein entwickeln und danach handeln, werden Sie hoch produktiv, was sich auch in Ihren Ergebnissen widerspiegelt. Andere Menschen und auch Sie selbst werden Ihre Produktivitätssteigerung wahrnehmen – was sehr befriedigend ist.

1. Welche Kriterien gibt es, um besonders gut zu entscheiden, welche Aufgabe welche Priorität hat?

Wir beginnen mit den viel besprochenen und weiterhin sehr bedeutenden Kriterien „Wichtigkeit" und „Dringlichkeit". Danach beschäftigen wir uns mit weiteren Kriterien.

2. Welche Dimension beleuchtet das Kriterium Dringlichkeit?

Nun, das ist relativ leicht zu beantworten. Dringlichkeit ist eine rein zeitliche Betrachtung. Nicht mehr und nicht weniger. Wenn Sie, im Vergleich zur benötigten Zeit, wenig Zeit für die Erledigung einer Aufgabe haben, dann ist diese Tätigkeit dringend. Wenn Sie noch viel mehr Zeit als benötigt übrig haben, dann ist die Aufgabe nicht dringend. Hieraus ergibt sich, dass viele Aufgaben zunächst nicht dringend sind, aber im Laufe der Zeit dringender werden. Die Klassiker in diesem Zusammenhang sind unliebsame Aufgaben. Wenn ich im Seminar das Beispiel „Steuererklärung" gebe, geht meistens ein Raunen durch die Teilnehmer, weil sich ein wesentlicher Teil von ihnen angesprochen fühlt. Man hat erst viel Zeit übrig. Diese wird dann immer weniger. Dafür muss man noch nicht mal etwas tun: Ganz von selbst rückt die Deadline immer näher.

Das Wort Deadline ist übrigens ein spannendes Wort. Wörtlich übersetzt bedeutet es „Todeslinie". Das fühlt sich anders an als Abgabetermin. Natürlich gibt es auch Ereignisse, die plötzlich auftauchen und sofort dringend sind. Dann fühlen wir uns meistens fremdgesteuert. Bei einer näher rückenden Deadline jedoch haben wir es selbst in der Hand, die Sache früher anzugehen und Stress zu vermeiden. Bei plötzlichen Ereignissen haben wir kurzfristig wenig oder gar keinen Einfluss auf die Situation, mittel- bis langfristig jedoch oft schon. Aber dazu mehr an anderer Stelle.

3. Welche Dimension beleuchtet das Kriterium Wichtigkeit?

Das ist schon nicht mehr so einfach zu beantworten. Abstrakt formuliert, geht es hierbei um eine Beurteilung der Auswirkungen. Sind die Auswirkungen gravierend, dann ist die Wichtigkeit hoch. Gibt es nur geringe oder keine Auswirkungen, dann ist die Wichtigkeit niedrig. Es gibt positive Folgen, im Sinne einer Verbesserung; oder die Auswirkungen resultieren daraus, dass etwas Negatives verhindert wurde. Manchmal sind die Auswirkungen quantifizierbar, manchmal nicht. Wenn eine Aktivität eine große Umsatzsteigerung bringt, dann ist sie eher wichtig. Wenn die erwartete Umsatzsteigerung gering ausfällt, ist die Aufgabe eher unwichtig. Gleiches gilt natürlich für eingesparte Kosten, die bei verschiedenen Maßnahmen sehr unterschiedlich hoch sein können. Viele Dinge sind natürlich nicht so leicht in Zahlen ausdrückbar. Aber das (Denk-)Prinzip ist dennoch dasselbe.

Angenommen Sie möchten jemanden unterstützen. Wenn die Hilfe eine echte Entlastung darstellt, ist die Aufgabe wichtiger als bei einer geringeren Entlastung – vorausgesetzt dass es Ihr Ziel war, die Person zu entlasten. Die Beurteilung der Wichtigkeit ist also immer zielabhängig. Wenn Sie möchten, dass Ihr Kind oder Ihr Partner sich geliebt fühlt, dann gibt es Vorgehensweisen, die die gewünschte Wirkung erzielen, und andere, die dies nicht zur Folge haben oder sogar nach hinten losgehen.

> Wenn Sie Ihre Produktivität erhöhen wollen, dann stellen Sie sich viele Male am Tag Fragen wie: Wie wichtig ist diese Aufgabe? Welche Wirkung erziele ich mit dieser Tätigkeit? Welches Ergebnis soll dabei herauskommen?

4. Was mache ich mit Aufgaben, die wichtig und dringend sind?

Klar, diese Aufgaben können Sie nicht ignorieren. Sie müssen sie mit einer hohen Priorität angehen. Würden Sie es nicht tun, dann würden Sie die Deadline überschreiten. Und dies hätte deutlich negative Auswirkungen.

Diese Kategorie von Aufgaben sind klassische „Feuerwehraufgaben". Stellen Sie sich einen Brand vor. Warum ist es wichtig und dringend, diesen zu löschen? Würden Sie es nicht tun, brennt das Haus ab. Und das wäre schlecht. Eine deutlich negative Auswirkung. Und ein paar Tage abzuwarten wäre ganz schlecht, weil es dann überhaupt zu spät für alles ist. Stressig wird es, wenn Sie den ganzen Tag mit Brandbekämpfung ausgelastet sind. Sie sind dann zwar recht produktiv – immerhin erledigen Sie Wichtiges –, aber das Stressniveau ist hoch und Sie haben keine Zeit für die Dinge, die *noch* nicht höchst akut sind.

Wenn Sie mehr Brände zu löschen haben, als Ihnen Zeit für die Löschungen zur Verfügung steht, wird es tragisch. Warum? Weil die Gefahr hoch ist, dass Sie unter Dauerstress stehen und die Weitsicht verlieren. Wenn dieser Fall eintritt, sind häufig nicht die betroffenen Mitarbeiter daran schuld. Ich gehe sogar so weit, zu behaupten, dass es ein schwerwiegender Führungsfehler (dieser kann eine oder mehrere Ebenen weiter oben liegen) ist, wenn Mitarbeiter ihre ganze Zeit im Feuerwehreinsatz verbringen. Meiner Beobachtung nach gibt es einen kritischem Punkt, ab dem es für eine Abteilung extrem schwierig wird, wieder aus dem Feuerwehrdasein herauszukommen. Ich kenne beispielsweise eine IT-Abteilung, die „zu 110 %" reaktiv arbeitet. Die Mitarbeiter sind sehr bemüht. Sie sind sogar sehr effizient bei der Lösung von Problemen. Sie haben aber keine Zeit, bestimmte wiederkehrende Fehlertypen systematisch anzugehen und für die Zukunft zu verhindern.

5. Was mache ich mit Aufgaben, die nicht wichtig, aber dringend sind?

Bei vielen Menschen löst alleine die Frage schon ein Stirnrunzeln aus. Manche fragen dann zurück: „Wie kann eine dringende Aufgabe unwichtig sein?"

Beispiele:

Ein Vertreter eines Clubs, aus dem Sie schon lange austreten wollten, will mit Ihnen über etwas sprechen und lässt nichts unversucht, um Sie zu erreichen.

Oder stellen Sie sich vor, dass ein Kollege aus der Nachbarabteilung unbedingt sofort Zahlen von Ihnen haben will, die in eine Statistik einfließen, die niemand anschaut.

Oder die Dokumentation für einen Projektschritt muss heute fertig werden, weil man das so vereinbart hat, aber reinschauen wird nie jemand.

In jeder Organisation gibt es zahlreiche solcher Aktivitäten, die keinen nennenswerten Nutzen (mehr) haben, aber dennoch von irgendjemandem erwartet werden oder es wird zumindest geglaubt, dass jemand sie erwartet. Bei dieser Kategorie gibt es nur eine Devise: kritisch zu hinterfragen, ob es wirklich nennenswerte Nachteile mit sich bringt, wenn diese Aufgabe nicht erledigt wird. Lautet die Antwort Nein, streichen Sie die Aktivität. Sehen Sie doch negative Konsequenzen, reduzieren Sie die Aktivität auf das absolute mögliche Mindestmaß. Wenn Sie entscheiden, wofür Sie Ihre Zeit verwenden, führen Sie sich auch immer vor Augen, was Sie in der Zeit stattdessen nicht machen könnten, wenn Sie einer dringenden, aber unwichtigen Aufgabe nachgehen.

6. Was mache ich mit Aufgaben, die weder wichtig noch dringend sind?

Die Handlungsempfehlung hier lautet: Verbringen Sie hiermit so wenig Zeit wie nur irgend möglich. Häufig können diese Aktivitäten einfach gestrichen werden. Manchmal muss man es vorher kurz begründen, weshalb man etwas nicht erledigen wird bzw. warum andere Aufgaben lohnenswerter sind und die weniger wichtige Aufgabe daher durch das Raster fällt. Oft macht es auch Sinn, die Aufgabe einfach nicht zu erledigen, aber gedanklich vorbereitet zu sein, schnell eine plausibel klingende Begründung geben zu können, sollte jemand nachfragen.

Wenn die Aufgabe selbst zwar keinen echten nennenswerten Nutzen hat, Sie die Aufgabe aber erledigen müssen, dann ist das Streichen nicht so einfach.

Beispiele hierfür sind:

Der Chef oder ein Kunde will es einfach – und dann ist es das nicht wert, dieser Person vor den Kopf zu stoßen. Vielleicht gibt es eine gesetzliche Vorschrift für die Tätigkeit oder eine unternehmensinterne Vorschrift. Dann riskiert man durch die Nicht-Erledigung natürlich Ärger.

Hier gilt es, die Mindestanforderungen mit dem minimal möglichen Zeiteinsatz hinzubekommen. Wenn Ihr Chef oder eine andere Abteilung die Erledigung einer Aufgabe mit einem geringen Nutzwert von Ihnen erwartet, dann stellt sich die Frage, ob Sie das einfach akzeptieren oder ob Sie Überzeugungsarbeit in die andere Richtung leisten. Je höher der Aufwand für die Tätigkeit, vor allem wenn diese wiederkehrend ist, je eher ist ein „Ausdiskutieren" durchaus überlegenswert. Wenn Sie dies nicht tun, dann riskieren Sie – auf Dauer – vor lauter bei Ihnen „geparkten" unwichtigen Aufgaben, dass Sie keine Zeit mehr für Ihre Hauptaufgaben haben. Darunter leiden Ihre Ergebnisse und Sie ernten mehr Kritik. Ob zu Recht und oder Unrecht sei dahingestellt.

7. Welche weiteren Prioritätskriterien gibt es?

Wichtigkeit und Dringlichkeit sind nicht die einzigen Kriterien bei der Prioritätensetzung. Nicht nur die Auswirkungen zu betrachten ist wichtig, sondern auch den Aufwand im Verhältnis hierzu. Nehmen wir an, es gibt zwei Aufgaben mit dem gleichen Nutzen, jedoch von deutlich unterschiedlicher Dauer. Dann empfiehlt es sich, sich zuerst Zeit für die schneller zu erledigende Aufgabe zu nehmen. Manchmal haben zwei Aufgaben in etwa denselben Nutzen, benötigen auch in etwa genauso viel Zeit, aber die eine strahlt zusätzlich positiv in einen anderen Bereich aus. Dann macht es Sinn, zuerst Zeit für die letztgenannte Aufgabe einzusetzen.

Die meisten Menschen arbeiten nicht isoliert, sondern in irgendeiner Form zusammen mit anderen Personen. Entsprechend sollten bei sonst gleichen Bedingungen Aufgaben, auf deren Erledigung andere Menschen warten, in der Reihenfolge der Bearbeitung nach oben wandern. Je mehr Personen es sind und je größer die daran hängenden Konsequenzen sind, desto mehr sollten Sie dieses Kriterium beachten. Dies gilt natürlich besonders dann, wenn Ihr Zutun die akut kritische Stelle im Gesamtprozess ist.

Ein weiterer wichtiger Aspekt bei der Prioritätenfindung ist die Frage, ob der Zustand ohne Einwirkung Ihrerseits gleich bleibt, schlechter oder besser wird – und in welchem Tempo dies geschieht. Alle skizzierten Entwicklungen sind denkbar und kommen in der Praxis häufig vor. Manche Probleme lösen sich wirklich im Laufe der Zeit von selbst. Andere wiederum werden durch Vernachlässigung immer schlimmer. Dann macht es natürlich Sinn, dass die Angelegenheit in Ihrer Bearbeitungsreihenfolge nach oben rutscht.

Ein wichtiger Aspekt kann auch die Frage sein, von wem die Aufgabe kommt. Von einem besonders wichtigen Kunden oder von einem, der eher unwichtig ist? Von welcher Ebene kommt die Aufforderung? Wie wichtig ist diese Person für das Unternehmen, die Abteilung oder für Sie selbst? Manche Aufgaben rangieren zwischen „unnötig" und „schwachsinnig", aber der Zeiteinsatz lohnt sich manchmal dennoch, um die Person zufriedenzustellen. Dies bleibt aber hoffentlich eine Ausnahme.

Aufgaben, die nach Ihrem Anstoß weitestgehend oder vollständig ohne Sie laufen, sollten tendenziell vorgezogen werden. Im privaten Bereich sind dies Dinge wie das Einschalten der Spülmaschine oder des Wäschetrockners. Im Beruflichen sind dies oft Erklärungen, die Sie anderen geben, damit diese bestimmte Aufgaben erledigen können. Solche Erklärungen könnte man mit Worten wie Ausbilden, Coachen, Trainieren oder auch Delegieren beschreiben.

8. Was ist der große Irrtum im Zeitmanagement?

Im Alltag von Führungskräften und auch Menschen ohne Führungsverantwortung beobachte ich die feste Überzeugung, man solle einen möglichst hohen Zeitanteil auf den als „wichtig *und* dringend" klassifizierten Tätigkeitsbereich verwenden. Wenn man tatsächlich bisher den Großteil seiner Zeit mit Unwichtigem verbracht hat, wäre dies immerhin ein Schritt in die richtige Richtung. Da Sie als Leser dieses Buches jedoch kaum Ihre Zeit mit Unwichtigem verbringen werden, werden Sie vermutlich – wie die meisten berufstätigen Menschen – den überwiegenden Anteil Ihrer Zeit mit Tätigkeiten verbringen, die wichtig und dringend sind. Diese Priorisierung empfehlen übrigens viele Zeitmanagement-Experten.

Auch wenn ich mich in diesem Punkt völlig gegen die meisten Zeitmanagement-Experten stelle: Das Ziel ist es, möglichst viel Zeit in den Bereich „wichtig, aber nicht dringend" zu investieren. Wenn es irgendwo brennt, müssen natürlich die Brände als Erstes gelöscht werden. Aber aus dem Fremdsteuerungs-Hamsterrad kommen Sie nur raus, wenn Sie sich auf wichtige, nicht dringende Tätigkeiten konzentrieren und diesen Bereich im Laufe der Zeit vergrößern.

Diesen Bereich nenne ich die „Zeitintelligenz-Zone". Diese Zone hat einige Vorteile:

- ein erheblich geringeres Stressniveau,
- deutlich mehr Pufferzeit für wirklich unvorhersehbare Ereignisse,
- strategisches und präventives Denken und Handeln wird gestärkt

Was sind Beispiele für wichtige, aber nicht dringende Tätigkeiten? Nachdem Sie zwei Stunden für die Lösung eines Problems benötigt haben, denken Sie wenigsten zwei Minuten darüber nach, wie in Zukunft dieses Problem verhindert werden kann, und streben Sie an, diese Lösung sobald wie möglich zu implementieren.

Sie haben eine monatlich wiederkehrende Tätigkeit? Überlegen Sie, ob Sie beispielsweise mit einer anderen Software, besseren Softwarekenntnissen, Makros, einem selbst gebastelten Template oder einer völlig anderen Vorgehensweise in Zukunft schneller sind.

Wer den Unterschied zwischen Arbeiten „in" einem Prozess und dem Arbeiten „an" einem Prozess begreift, ist auf einem guten Weg zu einer höheren Zeitintelligenz. Ähnliches gilt für Arbeiten „in" einer Abteilung versus Arbeiten „an" einer Abteilung. Sprachlich besteht der Unterschied in einem einzigen Buchstaben. Der Unterschied des Denkansatzes und die Auswirkung auf die Produktivität sind jedoch erheblich.

Ein sinnvolles Maß an konstruktiver Planung ist ein hervorragendes Beispiel für zeitintelligentes Handeln.

2. | Gute Planung ist die halbe Miete

9. Warum sind Tagespläne so schwer einzuhalten?

Nicht jeder Tag ist gleich. Manchmal hat man sehr viele Unterbrechungen, etwa durch unerwartete Aufgaben bzw. Probleme. An anderen Tagen ist es ruhiger. Da es nicht jeden Tag dasselbe Ausmaß an Unerwartetem gibt, ist es schwer bis unmöglich, die richtige Menge an Pufferzeit einzuplanen. Natürlich gibt es hierzu Empfehlungen. Manche Experten raten zu 20 Prozent Pufferzeit, andere gar zu 70 Prozent. Die meisten Empfehlungen liegen natürlich zwischen diesen Extremen. Egal welche Zahl genannt wird: Sie greift zu kurz. Erstens sind Aufgabenbereiche sehr unterschiedlich, sodass keine pauschale Empfehlung für alle Bereiche zutreffen kann. Zweitens gestalten sich, wie bereits beschrieben, die einzelnen Tage ganz unterschiedlich. Was also tun?

Zunächst empfehle ich, den überwiegenden Anteil der Planung auf die Zeiteinheit „Woche" zu beziehen. Im Klartext: Ich empfehle primär die Wochenplanung und weniger die Tagesplanung. Die Wochenplanung hat gleich mehrere Vorteile: Innerhalb einer Woche gleichen sich die Unterschiede der einzelnen Tage oft aus. Dass bei vielen Ereignissen die prozentuale Abweichung bei größeren Einheiten abnimmt, ist ein rein statistisches Phänomen. Bei einer Versicherung z. B. schwankt die Anzahl der Schadensfälle prozentual von Woche zu Woche im Schnitt weniger als von Tag zu Tag.

Es ist also leichter, das realistische Pensum für eine Woche zu planen als für einen Tag. Ein weiterer Vorteil der Wochenplanung ist: Die meisten Menschen sehen leichter das Wesentliche als bei der Tagesplanung. Letztere birgt eher die Gefahr, dass man in Aktionismus verfällt oder sich in zahlreichen unwichtigen Aufgaben verliert. Sie reagieren auf kurzfristig auftretende Anforderungen – und im schlechtesten Fall kommen Sie den ganzen Tag nicht aus dieser Reaktionsfalle heraus.

10. Wie sieht eine gute Wochenplanung aus?

Hierzu empfehle ich fünf simple Schritte. Die ersten drei Schritte sind für *alle* im Rahmen der Wochenplanung anfallenden Aufgaben gedacht. Die letzten beiden Schritte beziehen sich lediglich auf die wichtigsten drei bis fünf Aufgaben einer Woche.

Die fünf Schritte sind:

1. *Aufgaben schriftlich fixieren.* Dies ist nichts revolutionär Neues, aber immer wieder erlebe ich, dass Menschen sehr viel im Kopf planen. Dies mag manchmal gut funktionieren, führt aber bei etwas anspruchsvolleren Aufgaben (und Ihre Woche ist anspruchsvoll) zu einer mangelnden Übersicht und unnötigem geistigem Stress.

2. *Die Dauer der Aufgabe festlegen.* Hiermit ist schlichtweg eine realistische Abschätzung des zeitlichen Aufwands gemeint. **Vorsicht:** Die meisten Menschen unterschätzen die benötigte Zeit im Schnitt deutlich.

3. *Clustern Sie, indem Sie die Aufgaben in festgelegte Kategorien einteilen.* Warum ist dies sinnvoll? Das Clustern hat gleich mehrere Vorteile:
Sie gewinnen zunächst einfach einen besseren Überblick. Hierdurch erkennen Sie Zusammenhänge und mögliche Synergieeffekte deutlich leichter. Indem Sie zusammenhängende Aufgaben gemeinsam betrachten, haben Sie die wichtigsten Ziele besser im Auge und unterliegen weniger der Gefahr, sich in Einzelaufgaben oder gar in Stückwerk zu verlieren. Für eine Vertriebsführungskraft lauten die Kategorien, zu denen sie clustern, möglicherweise: „Eigenumsatz", „Teamumsatz", „Administratives" und „Projekt XY". Bei mir sind es die Kategorien: „Umsatz mit Zach Davis", „Umsatz ohne Zach Davis", „Beziehungsmanagement", „Know-how & Systeme" und „Finanzen". Diese Kategorien müssen Sie meist nur einmal definieren, denn sie verändern sich meist nur dann, wenn sich Ihr Zuständigkeitsbereich wesentlich verändert. Haben Sie die Kategorien also einmal definiert, können Sie im Rahmen der Wochenplanung schnell und leicht damit arbeiten.

Die bisher beschriebenen ersten drei Schritte sind sehr zügig umsetzbar. In der Regel werden Sie in der laufenden Woche bereits viele Aufgaben für die nächste Woche gesammelt haben. Diese schreiben Sie dann gleich in die passende Kategorie und schätzen den nötigen Zeitaufwand ab. Dann kommen im Rahmen der eigentlichen Planung für eine Woche noch einige Aufgaben in ähnlicher Weise hinzu. Schon steht der überwiegende Teil der Planung.

Die nachfolgenden beiden Schritte empfehle ich nur für die wichtigsten drei bis fünf Aufgaben einer Woche. Sie erinnern sich an die Definition von „wichtig"? Richtig: Es geht um die Wirkung, also um Aufgaben mit einem hohen Nutzwert. Definieren Sie die wichtigsten drei bis fünf Aufgaben. Diese Aufgaben sollten für sich genommen schon sicherstellen, dass Sie eine sehr produktive Woche haben – selbst wenn Sie von den anderen Aufgaben keine einzige erledigen.

4. EGAL-Methode

- **Ergebnis:** Orientieren Sie sich für einen Augenblick weg von der Aufgabe und stellen sich die Frage: Was ist das gewünschte Ergebnis? Hierdurch erzielen Sie mehr Klarheit in Bezug auf das Ziel und richten Ihren Blick auf das Wesentliche.

- **Grund:** Hinterfragen Sie zumindest kurz den Sinn der Aufgabe. Viele Aufgaben werden ohne einen guten Grund durchgeführt, oft aus Gewohnheit. Was soll durch die Aktivität bewirkt werden?

- **Aufgabe:** Wenn Sie das anzustrebende Ergebnis klar definiert und den Grund hinterfragt haben, ist es durchaus möglich dass sich die Aufgabe selbst oder der Weg der Durchführung ändert. Manchmal stellt man fest, dass eine völlig andere Maßnahme wesentlich geeigneter ist, um das gewünschte Ergebnis zu erreichen.

- **Leverage (Hebelwirkung):** In einem letzten Schritt vor dem Losmarschieren empfehle ich Ihnen, sich Fragen zu stellen wie:
Wie komme ich mit möglichst wenig Aufwand ans Ziel?
Welche Teilaspekte der Aufgabe haben eine besonders große Hebelwirkung?
Wenn ich mir die Mühe schon mache, kann ich hierdurch noch weitere positive Effekte erzielen?
Seien Sie auch so weitsichtig, sich zu fragen, was Ihnen einen Strich durch die Rechnung machen könnte und was Sie tun können, um das zu verhindern.

5. *Zeitpunkt fixieren* (und um die Einhaltung dieser Planung kämpfen). Bei den wichtigsten drei bis fünf Aktivitäten empfehle ich Ihnen sehr, diese zeitlich zu fixieren. Tragen Sie sich diese Zeiten wie einen anderen verbindlichen Termin in Ihren Kalender ein. Diese Termine werden dann nur im Notfall (oder wenn sich eine Möglichkeit mit deutlich höherer Wertschöpfung auftut) anderweitig vergeben. Wenn Sie danach eine Anfrage für einen der geblockten Zeiträume erhalten, dann sagen Sie für diesen Zeitraum nicht zu. Kämpfen Sie um diese wichtigen Zeiten, denn sie sind sehr entscheidend für Ihre Produktivität. Wenn andere Menschen Einsicht in Ihren Kalender haben, ist es oft erforderlich, die geblockten Zeiten entsprechend sichtbar zu machen.

11. Soll ich zuerst die großen oder die kleinen Aufgaben angehen?

Bei der Beantwortung dieser Frage gehe ich davon aus, dass die großen Aufgaben sowohl mehr Aufwand als auch mehr Nutzen mit sich bringen als die kleinen Aufgaben. Tendenziell empfehle ich, mit den großen Aufgaben zu beginnen. Wenn Sie erst die vielen kleineren Aufgaben erledigen, besteht die Gefahr, dass die große Aufgabe immer weiter in die Zukunft verschoben wird. – Warum ist das so?

Stellen Sie sich vor, Sie haben ein achtstündiges Arbeitsfenster. Angenommen die kleineren Aufgaben brauchen in der Summe geschätzte vier Stunden und die eine große Aufgabe ebenfalls. Da vier plus vier acht sind, haben Sie ja genug Zeit. So weit die Theorie. Was passiert in der Praxis? Genau, die Aufgaben brauchen zumindest teilweise länger, weil die Tücke im Detail steckt und Sie öfter unterbrochen werden. Aus den vier Stunden werden dann leicht sechs (oder mehr). Wenn Sie mit den kleineren Aufgaben begonnen haben, bleiben am Ende nur noch zwei Stunden für die größte Aufgabe. Die Hemmschwelle, mit dieser größten Aufgabe überhaupt noch anzufangen, wird immer höher, weil Sie wissen, dass Sie ohnehin nicht fertig werden – es sei denn, Sie hängen noch mindestens zwei Stunden mehr als geplant hinten dran. Beides ist nicht besonders attraktiv.

Fangen Sie hingegen mit der großen Aktivität an, bleiben Ihnen noch zwei Stunden für einige kleinere Tätigkeiten. Nehmen wir an, dass nach den zwei Stunden noch drei kleinere Aufgaben übrig bleiben. Mit ein wenig Glück (und das ist nicht selten) hat sich eine Aufgabe zwischenzeitlich von selbst erledigt. Nun bleiben also noch zwei kleinere Aufgaben übrig. Ist dies besser oder schlechter, als wenn eine große Aufgabe nicht erledigt wurde? Natürlich hängt die Antwort auf diese Frage von den spezifischen Gegebenheiten der Situation ab. Aber tendenziell ist es besser, wenn die beiden kleineren Aufgaben übrig bleiben.

3. | Die immer größere Erreichbarkeit meistern

In fast allen Funktionsbereichen und Berufen ist die Erreichbarkeit in den letzten Jahren stark gestiegen. Die Technik macht es möglich, jederzeit und überall Informationen zu senden und zu empfangen. Viele jetzt vorhandene technische Möglichkeiten wurden stark mit dem Argument der Zeitersparnis angepriesen. Zu Recht, wie ich finde – wenn man souverän damit umgeht. Mittlerweile erlebe ich an vielen Stellen aber einen Umgang mit der Technik, der alles andere als souverän ist. Oft habe ich den Eindruck, dass nicht der Mensch die Technik steuert, sondern die Technik den Menschen (natürlich wiederum ausgelöst durch andere Menschen).

3.1 Telefonische Erreichbarkeit

12. *Macht es Sinn, die eigene Erreichbarkeit zu begrenzen?*

Ja, unbedingt. Vor ein paar Jahren wurde ich Zeuge, wie ein Herr am Urinal stehend einen Anruf entgegennahm. Während des Telefonats holte er einen Block und einen Stift aus der Innentasche seines Jacketts und machte sich, an der Wand lehnend, Notizen. Er war übrigens noch nicht ganz eingepackt …

Vermutlich trägt die Erreichbarkeit bei Ihnen nicht ganz so absurde Züge. Aber statistisch ist die Wahrscheinlichkeit sehr hoch, dass auch bei Ihnen das Optimum in Bezug auf das Thema Erreichbarkeit überschritten ist. Entscheidende Fragen hierbei sind: Wann wollen Sie erreichbar sein, für wen und in welcher Form?

Natürlich ist es ein Zielkonflikt, einerseits erreichbar sein zu wollen, um schnell reagieren zu können, und andererseits nicht erreichbar zu sein, um konzentriert arbeiten zu können oder einfach die Freizeit zu genießen. Meine Empfehlung lautet, sich in Ruhe ein paar Gedanken über das Thema Erreichbarkeit zu machen und sinnvolle Grenzen zu definieren.

Zu beantwortende Fragen sind hierbei unter anderem:

Wer bekommt Ihre Handynummer (zumindest unternehmensextern ist dies im Normalfall steuerbar)?
Wer bekommt die Durchwahl und wer nur die zentrale Rufnummer?
Schalten Sie das Telefon um?
Schalten Sie auf stumm (Sie können auch anruferabhängige Profile definieren)?
Gehen Sie ans Telefon, wenn es während einer wichtigen Tätigkeit klingelt?
Unterbrechen Sie eine Tätigkeit, wenn eine E-Mail eintrifft?
Signalisieren Sie anderen Menschen (höflich, aber deutlich), ob der Zeitpunkt gerade günstig oder ungünstig ist?
Sind Sie in der Freizeit und im Urlaub erreichbar?

Wenn Sie in Ruhe vernünftige Grenzen definieren, dann ist natürlich entscheidend, dass Sie selbst diese auch einhalten und dafür sorgen, dass auch andere für bestimmte Zusammenhänge relevante Personen diese kennen. Natürlich geht es nicht darum, einmal aufgestellte Grenzen dogmatisch einzuhalten. Es geht aber schon darum, was die Ausnahme ist und was nicht. Eine Regel mit permanenten Ausnahmen ist keine Regel. Eine Einhaltung in 95 Prozent der Fälle ist vermutlich eine gute Zielgröße.

Meine persönliche Erfahrung und die Rückmeldung vieler Anwender decken sich: Wenn Grenzen vernünftig kommuniziert werden, werden sie fast immer akzeptiert und respektiert. Ich persönlich bekomme oft gespiegelt, dass ich unkompliziert bin – und das, obwohl ich bestimmte Regeln habe. Beispielsweise die, dass Kunden und Dienstleister (mit sehr, sehr wenigen Ausnahmen) meine Handynummer *nicht* bekommen. Ich bin auch meistens nicht zu sprechen – was stark daran liegt, dass ich sehr viel vor Gruppen stehe oder wichtige Gespräche führe. Ich trete fast nie am Wochenende auf. Ich trete montags und freitags sehr selten außerhalb des Großraums München auf. Gibt es Ausnahmen? Ja, aber nicht viele.

13. Darf ich überhaupt ruhigen Gewissens Zeit blocken?

Sie haben hiermit die offizielle Genehmigung, dies zu tun. Natürlich habe ich darüber nicht zu entscheiden. Aber ich behaupte sogar: Sie sollten eher ein schlechtes Gewissen haben, wenn Sie *keine* Zeiten blocken. Warum? Weil Sie ohne geblockte Zeiten weniger produktiv sind.

Wie oft sollte man Zeit blocken und wie lange? Hierauf gibt es leider keine pauschale Antwort. Für manche Menschen ist eine halbe Stunde pro Woche sinnvoll, für andere ist es am produktivsten, 90 Prozent eines jeden Arbeitstages zu blocken. Für die

tenden Personen liegt das optimale Maß natürlich irgendwo zwischen
men.

nen Vorgesetzten haben, dann sprechen Sie mit diesem über dieses The-
hen Sie, eine Art Probezeit für das leicht erhöhte Blocken von Zeiten zu
vereinbaren. Nach dieser Probezeit melden Sie Ihrem Vorgesetzen zurück, welche
Erfahrungen Sie gemacht haben. Diese werden in der Regel positiv ausfallen. Wenn
Sie dann noch Ihrem Vorgesetzten glaubhaft vermitteln können, dass Sie auf diese
Weise mehr entscheidende Dinge vorantreiben können, wird er (in den allermeisten
Fällen zumindest) so vernünftig sein, weiterhin seine Zustimmung (und vielleicht
sogar seine Rückendeckung) zu geben.

Wenn Sie es einmal etabliert haben, können Sie das Blocken von Zeit sogar noch ein
wenig ausdehnen. Dies machen Sie dann schrittweise und in Absprache mit Ihrem
Vorgesetzten so lange, bis Sie glauben, dass ein weiterer Schritt in dieselbe Richtung
völlig übertrieben wäre. Dann haben Sie vermutlich das richtige Maß gefunden.

Und wenn Sie keinen Vorgesetzten haben? Dann machen Sie genau dasselbe – und
sparen sich die Absprache.

14. Wie kann man die telefonische Erreichbarkeit steuern?

Die Technik macht mittlerweile vieles möglich. Entscheiden Sie, wann es sinnvoll
ist, erreichbar zu sein und wann nicht. Ein wichtiges Kriterium hierbei ist die Frage,
ob Sie eine Routineaufgabe ausführen oder eine Tätigkeit, die eine nennenswerte
Konzentration erfordert. Wenn Sie unterbrechungsfrei arbeiten wollen, dann haben
Sie meistens mehrere Optionen:

- Vielleicht können Sie Anrufe auf die Zentrale umleiten oder an das Abteilungs-
  sekretariat.
- Als Selbstständiger haben Sie vielleicht eine Assistenz oder ein Call-Center, an
  das Sie umleiten können.

Sie können aber auch einfach Ihren Anrufbeantworter aktivieren. Manchmal lohnt
sich der Aufwand, den Ansagetext täglich zu aktualisieren. Einer meiner Kunden
spricht beispielsweise einen Text auf wie: „Ich bin von 10 bis 12 Uhr im Meeting,
danach in der Mittagspause, aber spätestens ab 13 Uhr wieder für Sie da." Dieser
Aufwand lohnt sich vermutlich nicht für jeden, aber ich empfinde es oft als hilfreich
und als sehr wertschätzend von ihm, weil ich mir in diesem Beispiel weitere Fehlversuche vor 13 Uhr sparen kann.

Wenn Sie jemand anruft, dessen Nummer bei Ihnen gespeichert ist, dann sehen Sie, wer anruft. Überlegen Sie vor dem Abheben kurz, ob es sinnvoll ist, dranzugehen. Machen Sie keine Wissenschaft daraus, aber treffen Sie eine bewusste Entscheidung. Bei manchen Menschen weiß man schon beim Klingeln: „Die nächsten 30 Minuten kannst du vergessen." Deshalb überlegen Sie es sich bei solchen Personen gut, ob Sie eine lange Unterbrechung zulassen oder nicht.

Wenn andere regelmäßig für Sie ans Telefon gehen, dann sorgen Sie dafür, dass diese Personen klare Kriterien haben, um zu entscheiden, ob sie durchstellen sollen oder nicht. Dies können sowohl personen- als auch inhaltsbezogene Kriterien sein.

Inhaltsbezogene Kriterien sind Leitlinien wie: „Keine Werbeanrufe, außer zum Thema XY" oder: „Nur Anrufe zu Projekt A oder zu Thema B". Personenbezogene Kriterien lassen sich aus einer „VIP-Liste" und einer „schwarzen Liste" ableiten. Auf die VIP-Liste gehören ganz wenige Personen, die grundsätzlich immer durchzustellen sind. Mit „ganz wenige" meine ich: nicht mehr als eine Handvoll – also vier bis fünf – Personen.

Die schwarze Liste ist das Gegenteil der VIP-Liste, nämlich eine Liste von Personen, die grundsätzlich nicht durchzustellen sind. *Beide* Listen sollten aber sehr kurz sein, denn primär sollte auf der Basis inhaltsbezogener Kriterien über das Durchstellen von Anrufen entschieden werden.

3.2 Mit Störungen und Unterbrechungen umgehen

15. Wie lerne ich, Nein zu sagen?

Meiner Erfahrung nach helfen hierbei vor allem zwei Strategien. Der eine Weg ist, das Nein-Sagen in relativ belanglosen Situationen zu üben. Wenn Sie beispielsweise einen unerwünschten Werbeanruf erhalten, dann sagen Sie höflich, aber bestimmt und schnell, dass Sie dieses Gespräch nicht führen wollen. Sie müssen ein Nein auch längst nicht immer begründen.

Der andere Weg ist, sich klarzumachen dass jedes Ja mit einem Nein zu etwas anderem verbunden ist. Genauso ist jedes Nein, das Sie über die Lippen bringen, mit einem Ja zu etwas anderem verbunden. Schließlich können Sie die Zeit immer nur einmal einsetzen. Häufig hilft es, wenn Sie sich vor Augen führen, was Ihnen entgeht, wenn Sie zu der aktuellen Anfrage Ja sagen. Vielen Menschen macht diese Überlegung es leichter, Nein zu sagen, wenn sie Nein meinen.

Auch bei einem Nein macht der viel zitierte Ton die Musik. Vermeiden Sie beim Nein-Sagen (und generell bei Aussagen), am Ende des Satzes die Stimme zu heben. Dies passiert gerade Frauen, die natürlich im Schnitt ohnehin eine höhere Tonlage besitzen, etwas häufiger als Männern. Das Anheben der Stimme am Satzende lässt den Satz wie eine Frage klingen und auf einen Zuhörer wirkt es so, als seien Sie sich der Sache nicht sicher. Das wiederum kann dazu führen, dass die Aussage – also Ihr Nein – nicht akzeptiert wird. Doch nicht nur die Intonation, auch Ihre Körpersprache kann im Widerspruch zu Ihrer Aussage stehen. Wenn Sie beispielsweise trotz eines verbalen Neins eine zur Aufgabe gehörende Unterlage an sich nehmen bzw. nicht an die andere Person zurückgeben, dann wird Ihr Nein nicht ernst genommen. Meistens wird die Körpersprache stärker gewertet als die Stimme (zur der die Intonation gehört) und die Stimme stärker als der Inhalt. Zumindest verliert Ihre Aussage, also Ihr Nein, durch Inkongruenz deutlich an Kraft.

16. Sollte ich manche Anfragen aufschieben?

Aufschieben? Nein, das soll man doch nicht ... Aber im Ernst: Wichtige Themen aufzuschieben bringt selten Vorteile. Doch es gibt Bereiche, in denen Sie ein wahrer Meister des Aufschiebens werden sollten. Beispielsweise wenn Sie an einer stark wertschöpfenden Aufgabe sitzen und lauter unwichtige Dinge auf Sie einprasseln. Legen Sie sich diesbezüglich ein dickes Fell zu und ignorieren Sie die Vielzahl der Ablenkungsmanöver.

Gerade bei Aufgaben der Kategorie „nicht wichtig" (auch wenn sie dringend sein sollten) rate ich sehr zur Meisterschaft im Aufschieben. Unwichtige Dinge nicht zu tun ist psychologisch oft einfacher, als sich den Druck zu machen, die wichtigen Dinge anzugehen. Natürlich ist es letztlich das Gleiche, nur andersherum gedacht und formuliert.

Wenn Sie etwas wirklich Wichtiges immer wieder vor sich herschieben, dann empfehle ich folgende Vorgehensweise: Definieren Sie den ersten bzw. nächsten, lächerlich kleinen Teilschritt. Dann sagen Sie sich: „Ich mache einfach mal diesen Minischritt und dann mache ich nur weiter, wenn ich wirklich will." So senken Sie die Hemmschwelle zu starten deutlich ab. Wenn Sie dann den lächerlich kleinen ersten Teilschritt erledigt haben, machen Sie höchstwahrscheinlich völlig ohne Überwindung weiter und wundern sich anschließend, wie viel Sie geschafft haben. Und wenn Sie doch nach dem kleinen Teilschritt aufhören, haben Sie wenigstens einen Schritt in die richtige Richtung gemacht.

17. Und was ist, wenn ich doch unterbrochen werde?

Natürlich kann man sich nicht permanent abschotten und für niemanden erreichbar sein. Vielleicht ist es für Ihre Tätigkeit insgesamt ungünstig, wenn Sie nicht erreichbar sind. Nehmen wir also an, Sie sitzen an einer Aufgabe und es kommt eine Unterbrechung, beispielsweise durch einen Anruf, den Sie entgegennehmen. Jetzt geht es darum, so schnell wie möglich zu erfassen, worum es in dem Telefonat geht. Sie müssen nämlich in dieser Situation bewusst entscheiden, ob es mehr Sinn macht, wieder die bisherige Arbeit aufzunehmen, oder ob es unter diesen konkreten Umständen vorteilhafter ist, den Plan zu verändern und sich des neuen durch den Anruf aufgeworfenen Themas anzunehmen.

Warum betone ich diesen Punkt? Ganz einfach: Meiner Beobachtung nach reagieren die meisten Menschen reflexartig auf eine Unterbrechung, ohne bewusst zu bewerten, ob dieses neue Thema tatsächlich eine höhere Wertschöpfung mit sich bringt oder nicht. Die Absicht ist natürlich gut. Man will der anderen Person helfen, man möchte serviceorientiert sein. Es gibt aber auch eine kleinere Gruppe von Menschen, die ebenso reflexartig reagiert, aber genau das Gegenteil macht, nämlich alle neuen Anfragen erst einmal abzublocken. Dies ist meistens einfach ein Selbstschutzmechanismus zur Vermeidung einer Aufgabenliste, die unbeherrschbar wird.

Beide Reaktionsweisen sind sehr verständlich, aber nicht optimal. Meine Empfehlung lautet, den Sachverhalt kurz zu erfassen und dann eine bewusste Entscheidung zu treffen, ob es in diesem speziellen Fall mehr Sinn macht, zu reagieren oder zur bisherigen Aufgabe zurückzukehren. Das ist allerdings leichter gesagt als getan. Deshalb hier noch ein Tipp zur Umsetzung: Eine bewusste Entscheidung führen Sie wesentlich leichter herbei, indem Sie sich selbst bewusst eine Frage stellen. Die Frage – wobei es nicht so sehr auf den Wortlaut, sondern mehr auf den Sinn dahinter ankommt – könnte lauten: „Was ist wirklich wichtiger?" Oder: „Welche Aktivität liefert den höheren Wertschöpfungsbeitrag?" Wenn Sie bewusst eine solche Frage stellen, erhalten Sie auch eine deutlich bewusstere Antwort. Das wiederum bringt Ihnen zwei entscheidende Vorteile: Zum einen erreichen Sie im Durchschnitt eine höhere Entscheidungsqualität und somit eine bessere Verwendung Ihrer zeitlichen Ressourcen. Zum anderen haben Sie stärker das Gefühl, Herr Ihrer eigenen Zeit zu bleiben und die Geschehnisse im Griff zu haben.

Warum betone ich letzteren Punkt? Weil mir im Laufe der Jahre immer häufiger geschildert wird, dass Mitarbeiter und Führungskräfte immer stärker das Gefühl haben, permanent fremdgesteuert zu werden. Dieses Gefühl ist für die meisten Menschen unangenehm und sorgt dafür, dass das Stressniveau höher ist als in einer Situation, in der man das Gefühl hat, selbst über seine eigene Zeit verfügen zu können.

18. Wie kann ich das zeitliche Ausufern verhindern?

Hier sollte man unterscheiden, ob es um Aktivitäten mit anderen Menschen (Gespräche, Meetings etc.) geht oder ob die Aufgabe (zumindest für den aktuellen Teilschritt) keine anderen Personen involviert. In der Interaktion mit Kollegen und Kunden ist die „Vorab-Information" eine sehr wirksame Zeitsparstrategie. Das Prinzip ist simpel: Sie informieren die anderen beteiligten Personen vorab über den zeitlichen Rahmen.

Hierzu einige Beispiele:

Sie sind zu einem Meeting eingeladen, welches für die Zeit von 14.00 bis 15.00 Uhr angesetzt ist. Gleich zu Anfang des Meetings weisen Sie völlig unspektakulär darauf hin, dass Sie gegen 15 Uhr ziemlich pünktlich weg müssen. Ob Sie noch eine Begründung hinterherschieben oder nicht ist eine Typ- und Situationssache. Der Effekt ist, dass die anderen Teilnehmer sich darauf einstellen können – was deutlich respektvoller ist, als wenn Sie um 15.00 Uhr überraschend aufstehen und plötzlich verschwinden würden. Durch Ihre Vorankündigung ist es deutlich leichter, tatsächlich gegen 15.00 Uhr zu gehen, als ohne eine vorherige Ankündigung.

Dieselbe Strategie können Sie auch nutzen, wenn jemand plötzlich bei Ihnen in der Tür steht und fragt, ob Sie mal eine Minute haben. Natürlich wissen alle Beteiligten, dass es nicht bei dieser einen Minute bleiben wird. Eine mögliche Antwort ist: „Kein Problem, ich haben sogar zehn Minuten, muss dann aber ..." – Damit haben Sie einen Rahmen gesetzt.

Auch bei Telefonaten können Sie die Vorgehensweise nutzen. Kündigen Sie höflich und frühzeitig an, dass Sie ein paar Minuten haben, aber dann in X Minuten los müssen.

Wenn keine andere Person involviert ist, dann ist es etwas einfacher, zumindest theoretisch. **Meine Praxisempfehlung** hierzu ist: Entscheiden Sie, wie viel Zeit Sie sich für eine bestimmte Tätigkeit geben. Dann setzen Sie sich im Verlauf Erinnerungen (z. B. mit einer klassischen Eieruhr oder dem Timer Ihres Smartphones), jeweils wenn zehn, 25 oder 50 % dieser Zeit verstrichen sind. Schauen Sie jeweils kurz, ob Sie im Plan liegen oder nicht. Alleine durch diese Eigenkontrolle arbeiten Sie stringenter und konzentrieren sich stärker auf den Fortschritt in der Sache. Selbst wenn der Plan nicht eingehalten wird, sind Sie meistens schneller als ohne dieses Monitoring. Zudem werden Sie hierdurch in der Zukunft bei Ihrer Zeitplanung realistischer.

19. Der frühe Vogel fängt den Wurm?

In Bezug auf die eigene Produktivität ist dies sicher der Fall. Bevor die meisten Kollegen da sind und andere Personen anrufen und E-Mails versenden, ist die Welt noch in Ordnung. Ernsthaft: Früh morgens werden Sie deutlich weniger häufig unterbrochen und können Aufgaben schnell und konzentriert abarbeiten. Dasselbe gilt auch in abgeschwächter Form für die Mittagszeit und am Abend. Am späten Nachmittag und am frühen Abend ist jedoch bei den meisten Menschen die Konzentration nicht mehr so hoch. Es gibt Ausnahmen, aber die Kurve im Biorhythmus liegt beim überwiegenden Anteil der Bevölkerung am Vormittag deutlich höher als danach.

Welche Handlungsempfehlung leitet sich aus diesen Informationen ab? Wenn Sie die Möglichkeit haben, kann es sehr sinnvoll sein, die komplette Arbeitszeit nach vorne zu schieben, also früher anzufangen und später aufzuhören. Dies soll natürlich nicht darin münden, dass Sie früher anfangen und später aufhören. Seien Sie hier konsequent, anfangs vielleicht, indem Sie sich verabreden oder eine anderweitige Zusage für die Zeit „unmittelbar nach dem geplanten Arbeitsende" machen.

Regelmäßig berichten mir Seminarteilnehmer, dass Sie die Verschiebung der Arbeitszeit nach vorne ausprobiert haben und erstaunt sind, wie groß der Effekt ist. Viele berichten, dass sie nun in der Zeit, bevor die anderen da sind, mehr schaffen als sonst am ganzen Tag. Wenngleich ich nicht weiß, ob diese Aussagen immer hundertprozentig zutreffen oder nicht doch etwas übertrieben sind, so ist das Fazit dennoch eindeutig: Die Produktivität steigt.

4. | Stress lass nach

4.1 Die Wahrnehmung von Stress

20. Haben Sie auch keine Zeit, die „Säge zu schärfen"?

Die Geschichte mit der Säge ist vielleicht das meistverwendete Beispiel im Zeitmanagement. Aus gutem Grund, denn sie ist nach wie vor richtig und – selbst wenn man sie schon irgendwo mal gehört oder gelesen hat – es ist meistens hilfreich, an dieses Beispiel erinnert zu werden. Sie kennen die Geschichte nicht? Dann können Sie sie jetzt nachlesen:

Ein Spaziergänger geht durch den Wald. Dort sieht er einen Säger. Diesen erkennt er, richtig, an der Säge. Der Säger ist hoch motiviert, hat sein Ziel klar vor Augen, ist physisch topfit und sägt und sägt. Der Spaziergänger beobachtet das Geschehen, im übertragenen Sinne, aus der Vogelperspektive. Dann spricht er den Säger an: „Herr Säger, es geht mich zwar nichts an, aber mir ist aufgefallen, dass Ihre Säge stumpf ist." Daraufhin der Säger: „Ja, ich weiß, aber ich muss weitersägen. Ich habe keine Zeit zum Schärfen."

Nun sind Sie aller Wahrscheinlichkeit nach kein Säger. Aber erleben Sie nicht auch vergleichbare Situationen? Sie lösen ein Problem über zwei Stunden, aber verbringen anschließend keine zwei Minuten, um beim nächsten Mal besser vorbereitet zu sein oder das Problem gar zu verhindern. In so manchem Projekt laufen nämlich immer wieder dieselben Dinge schief und wiederkehrende Tätigkeiten ließen sich beschleunigen, wenn wir uns einmal die Zeit für ein Template oder eine Prozessveränderung nehmen würden.

21. Kennen Sie die Geschichte vom Retter?

Diese Geschichte stammt originär von mir und wird gerne weitererzählt.

Herr Retter ist der beste Retter der Welt: Er weiß, warum er macht, was er macht, nämlich Menschen vor dem Ertrinken zu retten. Er ist motiviert und sehr effizient in seiner Vorgehensweise. Den ganzen Tag über steht er an einem Fluss mit einer hohen Strömungsgeschwindigkeit. Immer wieder landen Menschen darin. Diese rettet er.

Er ist den ganzen Tag damit beschäftigt. So beschäftigt, dass er keine zehn Minuten Zeit hat, mal zu schauen, wer 200 Meter weiter flussaufwärts die Leute reinschubst.

Und die Moral von der Geschicht? Helfen Sie anderen Menschen, aber sorgen Sie dafür, dass dies für Sie – zumindest nicht dauerhaft – in einem hohen Stressniveau endet. Um das zu verhindern, können Sie in der Regel zwei Dinge ändern: Ihre Vorgehensweise und Ihre Wahrnehmung der jeweiligen Situation.

22. Was ist das Konzept der Vogelperspektive?

Das Konzept der Vogelperspektive beschreibt die Fähigkeit, sich geistig von den Details einer Situation zu entfernen. Dieser geistige Abstand erhöht oft die Wirksamkeit der Vorgehensweise und reduziert den Stresspegel. Auch hier sind (bewusst) selbst gestellte Fragen der Schlüssel zum Erfolg.

- Stellen Sie sich beispielsweise die Frage, ob Sie sich gerade im Detail verstricken oder ob Sie das Wesentliche vor Augen haben.
- Fragen Sie sich selbst und andere, was von den vielen Aspekten die wichtigsten sind.
- Stellen Sie die Frage, was am Ende besser sein soll als vorher.
- Stellen Sie die Frage nach dem gewünschten Ergebnis.

Solche Fragen erhöhen enorm die Qualität Ihres Denkens und somit auch die Ihrer Ergebnisse. Gerade wenn das Stressniveau hoch ist, ist es besonders wichtig, die Übersicht zu behalten, damit Sie nicht in Aktionismus verfallen.

Die gerade dargestellten Fragenvorschläge zielten primär auf die Erhöhung der Produktivität ab. Aber wie bewahrt man rein emotional auch in anspruchsvollen Situationen einen kühlen Kopf? Zunächst einmal gilt, dass jeder Mensch anders gestrickt ist. Aber extrem einfach und sehr wirksam sind auch hier Fragen.

Stellen Sie sich die Frage: „Wie heiß wird dieses Thema wohl in ein paar Monaten noch gekocht werden?" Hierdurch erhalten Sie einen gesunden Abstand zur Sache. Dies bedeutet keinesfalls, dass Ihnen die Angelegenheit nun völlig gleichgültig ist, aber es relativiert die ganze Geschichte.

Eine äußerst relativierende Fragestellung ist auch: „Wer würde viel dafür geben, um mein Problem zu haben?" Löst sich das Problem durch diese Fragestellung magischerweise in Luft auf? Nein, natürlich nicht. Aber der Vergleich mit einem deutlich schlimmeren Problem hilft sehr, sich selbst wieder in einen angenehmeren (und auch produktiveren) Zustand zu versetzen.

Ein toller Stresskiller ist auch die Frage: „Hat diese Situation nicht auch eine gewisse Komik?" Viele Situationen sind nicht lustig. Aber es gibt sehr, sehr oft zumindest einen Teilaspekt, über den man – zumindest innerlich – schmunzeln kann. Dies gilt auch, wenn Sie die Sache durchaus insgesamt sehr ernst nehmen. Primär empfehle ich die Entdeckung der komischen Aspekte im Umgang mit sich selbst. Doch manchmal gibt es durchaus Situationen, in denen der Hinweis auf eine gewisse Ironie, Komik oder gar Tragik auf Anhieb den nötigen Abstand schafft, entlastend wirkt oder Stresskiller für eine ganze Gruppe sein kann. Humor kann also – neben zahlreichen anderen positiven Wirkungen – auch Stress reduzieren, Beziehungen verbessern und die Produktivität erhöhen.

23. Wie verhält sich mein Körper bei Stress?

Achten Sie in Stresssituationen, wenigsten ab und an, auch auf Ihren Körper. Was signalisiert er Ihnen? Meldet Ihr Rücken, dass er zumindest einen Positionswechsel bräuchte? Meldet Ihr Kopf dass er eine Pause, einen Schluck zu trinken oder mehr Sauerstoff braucht? Das Tückische mit der Luftqualität ist, dass wir die schleichende Verschlechterung meistens erst merken, wenn wir wieder in den Raum mit der verbrauchten Luft hineinkommen. Das Durstempfinden ist auch nicht bei jedem gleichermaßen ausgeprägt. Es scheint aber so zu sein, dass man bei einer generell guten Hydration auch ein schnelleres Feedback vom Körper erhält, wenn man mal zu wenig getrunken hat.

So ein menschlicher Körper muss sich auch ab und zu mal bewegen, wenn er leistungsfähig bleiben soll. Dass Sporttreiben gesundheits- und konzentrationsförderlich ist, ist wohl kein Geheimnis mehr. Es muss aber nicht immer gleich Sport sein. Auch im Sitzen kann man seinem Körper zu etwas Aktivität verhelfen. Selbst auf engem Raum ist dies möglich. Als jemand, der oft im Flieger, der Bahn oder im Auto sitzt, weiß ich, wovon ich spreche. Ich will nun wirklich keinen Gesundheitskurs aus diesem Buch machen oder gar den Moralapostel spielen, aber oft sind es rein körperliche Gründe, weshalb die Konzentration und somit die Produktivität leiden.

4.2 Verhaltensweisen, die Stress und (zeitlichen) Druck erzeugen können

24. *Wie halten Sie es mit Zusagen? Alles im Griff – oder geht es Ihnen wie der großen Mehrheit?*

Aus dieser Frage leitet sich die Behauptung ab, dass die meisten Menschen ihre Zusagen nicht im Griff haben. Dies ist keine bitterböse Kritik, sondern eine Beobachtung, verbunden mit konkreten Empfehlungen. Das möchte ich im Folgenden ein wenig ausführen, denn vieles im beruflichen Alltag dreht sich um Zusagen – kleinere wie größere.

Beispiel:

Angenommen, es ist 10.00 Uhr morgens. Sie sitzen an einer Arbeit und es kommt ein Kollege herein mit einer Nachricht, die Ihre ganze Planung über den Haufen wirft. Die neue aus der Nachricht resultierende Aufgabe hat zweifellos Priorität. Ihr Kollege fragt, bis wann Sie fertig sein können. Sie schätzen den Aufwand auf zwei Stunden.

Welchen Zeitpunkt sagen die meisten Menschen unter diesen Umständen zu? Es ist zehn Uhr, zwei Stunden drauf ... Also sagen sie: zwölf Uhr. Theoretisch wäre das sicher auch zu schaffen. Was aber passiert in der Praxis?

Zwei Dinge machen die Einhaltung einer Zusage schwer: Weitere Unterbrechungen (vielleicht sogar mit etwas noch Wichtigerem) und das „Tücke-im-Detail-Phänomen". Kein Mensch kann den wirklich anfallenden Zeitaufwand ermessen, bevor er sich nicht genau die Details angeschaut hat.

Die Empfehlung ist simpel: Bevor Sie eine Zusage machen, halten Sie künftig einen Moment länger inne als bisher,. Überlegen Sie erst, ob Sie überhaupt etwas zusagen können und wann eine Fertigstellung wirklich realistisch ist.

Welche Vorteile hat es, wenigstens einen Teil Ihrer Zusagen etwas konservativer zu treffen? Sie haben eine höhere Wahrscheinlichkeit, eine Zusage einhalten zu können. Dies macht auch Ihrem Gegenüber das Leben leichter, weil es nicht umplanen muss. Zudem entwickeln Sie (zu Recht) die Reputation, zuverlässig zu sein. Außerdem gewinnen Sie an Flexibilität, falls weitere unerwartete Dinge passieren. Manchmal kommt eben, zumindest gefühlt, alles auf einmal.

Fragen Sie auch vor dem Zusagen einfach mal nach, bis wann wirklich ein Ergebnis vorliegen muss. Wenn die Produktion stillsteht und nur Sie das Problem lösen können, können Sie sich die Frage natürlich sparen, weil klar ist, dass jede Minute viel Geld kostet. Abgesehen von Notfällen und besonders kostenintensiven Situationen, ist diese Frage jedoch sehr oft äußerst sinnvoll. Sie werden vermutlich überrascht sein, wie oft andere Ihre Arbeitsergebnisse gar nicht so dringend brauchen wie ursprünglich angenommen. Selbst wenn Sie über die Nachfrage nur zehn Prozent der Dringlichkeiten vermeiden, ist dies ein guter Schritt hin zu mehr Flexibilität, mehr Eigensteuerung und weniger Stress.

Seien Sie vor allem vorsichtig bei dringend klingenden Anfragen kurz vor Feierabend oder vor dem Wochenende. Ein Teilnehmer erzählte mir von einem Freitagnachmittag, an dem er früher Schluss machen wollte als sonst. Es lief alles nach Plan. Dann kam, kurz bevor er gehen wollte, eine sehr dringliche E-Mail. Mist, dachte er sich, hängte aber als gewissenhafter Mitarbeiter drei Stunden dran und schickte das Ergebnis zurück. Daraufhin erhielt er die automatische Antwort: „Ich bin zwei Wochen im Urlaub ...“

> **Fazit:** Es ist nicht immer alles so dringend, wie es den Anschein hat. Wenn Sie nicht immer sofort reagieren, dann „erziehen“ Sie einen gewissen Anteil Ihrer Kollegen bzw. Kunden, Ihnen frühzeitigere Hinweise zu geben.

Wechseln wir zum Abschluss des Themas Zusagen einmal die Perspektive: Stellen Sie sich vor, Sie sind derjenige, dem etwas zugesagt wird. Wenn Ihnen beispielsweise jemand verspricht, bis Dienstagabend fertig zu sein, dann fragen Sie doch einfach mal: „Ist das realistisch, dass Sie bis Dienstagabend fertig sind? Dann nämlich würde ich mir den Mittwochvormittag freihalten, um hiermit weiterzumachen.“ Hierauf gibt es nur zwei Antwortmöglichkeiten: Ja oder Nein. Wird die Zusage bekräftigt, haben Sie die Verbindlichkeit erhöht. Alternativ sagt Ihr Gegenüber Nein oder erläutert Umstände, die (tatsächlich oder vermeintlich) nicht von ihm beeinflussbar sind. In diesem Fall können Sie dann immer noch entscheiden, ob Sie den Druck herausnehmen, indem Sie einen späteren Zeitpunkt vereinbaren, oder betonen, wie wichtig die Fertigstellung ohne weiteren Verzug ist.

Zusammengefasst empfehle ich Ihnen schlichtweg einen bewussteren Umgang mit Zusagen. Überlegen Sie auch im privaten Bereich, ob Sie eine Zusage überhaupt machen möchten und halten können, bevor Ihnen diese über die Lippen geht.

25. Perfektion oder „quick and dirty"?

Wer ist im Vorteil? Der Perfektionist oder derjenige mit den „80-Prozent-Lösungen". Das kommt natürlich auf den Inhalt der jeweiligen Aufgabe an. Ökonomen sprechen vom sogenannten Grenznutzen. Mathematiker sprechen von der ersten Ableitung. Es geht, salopp formuliert, schlichtweg um die Frage: Bringt mehr jetzt noch mehr? Manchmal ist „ein bisschen besser" in der Auswirkung sehr gewinnbringend. Manchmal bringt „ein bisschen mehr" keinen oder nur einen völlig vernachlässigbaren Zusatznutzen.

Bei Sicherheitsfragen ist der Grenznutzen oft hoch, in Wettbewerbssituationen ebenso. Wenn Sie bei einer Ausschreibung den zweiten Platz machen, dann ist das unterm Strich in den meisten Fällen nicht mehr wert, als würden Sie den letzten Platz machen. Im Ergebnis haben Sie keinen Auftrag.

Wenn ein Löwe in der Wildnis hinter Ihrer Touristengruppe herjagt, dann ist es sehr nützlich, nicht der Letzte zu sein. Hier ist der Grenznutzen im hinteren Bereich sehr hoch.

Viele Optimierungen von Powerpoint-Präsentationen gehören in die erstgenannte Kategorie. Bringt es wirklich einen nennenswerten Zusatznutzen, wenn einzelne Elemente gedreht und mit Soundeffekt hereinschweben? Nutzt die dritte Nachkommastelle eines Ergebnisses wirklich, wenn die Annahmen schon Ungenauigkeiten von einem Prozentpunkt aufweisen?

Meiner Beobachtung nach gibt es logische und verständliche Gründe für branchenspezifische Unterschiede in Bezug auf Perfektionismus. Natürlich wäre es zu kurz gegriffen, alle Menschen in einer Branche über einen Kamm zu scheren. Aber es lässt sich ein Zusammenhang zwischen Branchenspezifik und Mitarbeiterverhalten beobachten: Je mehr es bei den Produkten eines Unternehmens auf Präzision in vielen Arbeitsschritten ankommt, desto stärker ist die Tendenz da, diese Präzision auch auf Bereiche zu übertragen, bei denen der Grenznutzen gering ist. Das ist menschlich, ein überwiegend sehr nützliches Verhalten auch in Situationen zu zeigen, in denen es kontraproduktiv ist.

Welchen Ausweg gibt es? Stellen Sie sich einfach die Frage, welches Niveau bei einem bestimmten Thema sinnvoll ist. In den allermeisten Fällen haben Sie selbst die richtigen Antworten. Sie müssen nur die richtigen Fragen stellen.

26. Wie abhängig sind Sie?

Stress entsteht oft durch Abhängigkeiten: Durch Abhängigkeit von einer Person, von einem Kunden, einer Branche, einem Produkt, einem Vertriebsweg, von einem Arbeitsplatz etc.

Alternativen zu entwickeln ist nicht immer einfach oder vermutlich ist es noch schwieriger, personelle Alternativen aufzutun. Aber meistens ist es weniger stressig, wenn bereits Alternativen verfügbar sind, bevor man sie zwingend braucht. Beginnt man jedoch erst zu suchen, wenn es bereits höchste Eisenbahn ist, bedeutet dies echten Stress.

Es folgen einige klassische Beispiele für Situationen, die meiner Ansicht nach zumeist unnötig sind und die ich dennoch immer wieder erlebe:.

Ein Unternehmensbereich ist vollkommen von einem Mitarbeiter abhängig. Diese Person macht einen guten Job und das schon sehr lange. Man verlässt sich darauf, dass das immer so bleiben wird. Dieser Mitarbeiter kann jedoch krank werden oder das Unternehmen verlassen ... Um es klar auf den Punkt zu bringen: Eine starke Abhängigkeit von einer Person ist ein Managementfehler.

Viele Unternehmen sind profitabel, aber im Vertrieb stark abhängig von einem Produkt, einem oder wenigen Kunden, Entwicklungen in einer Branche oder sie sind sehr konjunkturabhängig. Dies lässt sich vielleicht nicht immer ganz vermeiden und natürlich ist es toll, wenn man einen Großauftrag akquiriert und damit einen hohen Umsatzanteil generiert. Aber rechnen Sie frühzeitig damit, dass dies nicht immer so sein wird.

Ebenfalls erlebe ich häufig, dass Menschen in Stresssituationen geraten, weil sie ihre Daten nicht gesichert haben. Sind alle Ihre wichtigen Daten mindestens noch ein weiteres Mal auf einem anderen Medium gesichert? Auch Ihre Kontaktdaten im Handy? Auch die Daten auf Ihrer lokalen Festplatte?

Wie abhängig ist Ihre Karriere von einer Branche, einem Unternehmen oder gar einer Person oder von technischen oder gesetzlichen Entwicklungen? Es geht hier nicht darum, ein Pessimist zu sein. Aber die Welt verändert sich. Nein, es wird nicht wieder ruhiger und langsamer werden. Daher ist es wichtig, dass Sie Fähigkeiten erwerben und eine Positionierung erarbeiten, die Sie von den oben genannten Entwicklungen weitestgehend unabhängig machen.

Ein weiterer Bereich, der für enorm viel Stress bei vielen Menschen sorgt, ist das Verhältnis von Einnahmen zu Ausgaben. Welchen Anteil Ihres Einkommens sparen Sie? Wie viele Monate könnten Sie ohne Einnahmen Ihren aktuellen Lebensstandard aufrechterhalten? Wenn Sie beispielsweise zehn Prozent Ihres Einkommens sparen, an Einkommenssteigerungen arbeiten und diese nutzen, um die Hälfte der Steigerung zu sparen (und die andere Hälfte sinnvoll oder sinnlos auszugeben), dann haben Sie auf Dauer keine Geldsorgen. Besonders in Deutschland fahren viele Menschen ein Auto, dessen Preis sechs oder gar zwölf Monatsgehältern entspricht. Wenn dann aber etwas nicht ganz so gut läuft wie gedacht, dann ist der Stress groß.

> **Fazit:** Jeder muss selbst wissen, was er oder sie macht. Aber viele Stresssituationen, die entstehen, weil man sich in zu große Abhängigkeiten begibt, sind absolut vermeidbar.

27. Soll ich mich etwa ersetzbar machen?

Angenommen, Sie haben bisher sechs Aufgabenbereiche. Nehmen wir weiter an, Sie erklären einer anderen Person die einzelnen Arbeitsschritte in einem dieser Aufgabenbereiche. Nach einer Weile beherrscht diese Person den entsprechenden Bereich ähnlich gut wie Sie. Welche Befürchtung ist hierbei – zumindest unterbewusst – weiterhin stark verbreitet? Natürlich: Dass man nicht mehr gebraucht wird.

Mit etwas Abstand und Souveränität betrachtet leuchtet so gut wie jedem ein, dass der oben beschrieben Prozess zahlreiche Vorteile hat: Man wird frei für andere Aufgaben, meistens für solche die eine höhere Wertschöpfung mit sich bringen. Der Bereich, in dem Sie (beide) arbeiten, gewinnt an Flexibilität, weil er personenunabhängiger geworden ist. Das ist vor allem bei einem Ausfall von Mitarbeitern, aber auch bei Spitzenbelastungen und in der Urlaubszeit sehr nützlich und verringert Stress.

Auch nach vielen Jahren ist mir nur ein einziges Mal glaubhaft geschildert worden, dass jemand sich selbst völlig überflüssig gemacht hat. Diese Person hat ein Programm geschrieben, dass über 90 Prozent ihrer Arbeit automatisch durchgeführt hat. Dies ist aber so selten, dass Sie sich hierüber keine Sorgen machen müssen. Sollte Ihnen dieses Kunststück tatsächlich gelingen, dann haben Sie zumindest eine sehr hübsche und überzeugende Story für Ihren weiteren Karriereweg.

4.3 Wie kann man Stress vermeiden?

28. Wie spare ich beim Abgeben von Aufgaben bzw. beim Delegieren Zeit und vermeide somit Stress?

Das Thema Delegieren ist sehr facettenreich und in nur wenigen Absätzen nicht voll umfänglich behandelbar. Aber es gibt ein einfaches und sehr wirksames Mittel, um den Erklärungsaufwand zu reduzieren. Richten Sie einen „Wie-es-geht–Ordner" ein. Was das ist? Ein elektronischer Ordner, in dem drinsteht, „wie Dinge gehen". Es geht hier nicht so sehr um die komplette Bedienungsanleitung einer Hard- oder Software. Natürlich kann auch diese in einem solchen Ordner abgespeichert werden. Primär geht es aber darum, wiederkehrende Aufgaben schriftlich festzuhalten.

Was ist der Nutzen?
- Bei sich wiederholenden Fragen und Themen können Sie auf diesen Ordner verweisen.
- Sie können neue Mitarbeiter oder Mitarbeiter aus anderen Abteilungen schneller in einen Sachverhalt einarbeiten. In meinem Trainingsinstitut haben wir alleine hierdurch die Produktivität von nur temporär beschäftigten Personen deutlich erhöhen können.
- Praktikanten sind so schneller ein wirklicher Beitrag für das Unternehmen – das hat Vorteile für das Unternehmen und für die Praktikanten, die wesentlich mehr lernen und mehr Verantwortung tragen.

Ein „Wie-es-geht-Ordner" sorgt außerdem dafür, dass Standards besser gewahrt werden und dass weniger Einzelschritte bestimmter Abläufe vergessen werden. Die Regel lautet: Jeder ist herzlich eingeladen, Vorschläge zur Verbesserung eines Prozesses einzubringen und hierbei kreativ zu sein. Wenn es jedoch um Einhaltung der aktuellen Standards geht, ist Kreativität fehl am Platze.

Was sind die wichtigsten Voraussetzungen, damit der „Wie-es-geht-Ordner" echte Vorteile bringt? Jemand muss für ihn verantwortlich sein und muss mit einer gewissen Beharrlichkeit darauf achten, dass dieser Ordner stets aktuell, verständlich und übersichtlich gehalten wird. Wenn keiner die Informationen findet oder niemand von dem Ordner weiß, nutzt er nichts. Wenn die enthaltenen Informationen nicht aktuell sind, kann er sogar kontraproduktiv sein.

Wie lässt sich ein solcher Ordner technisch leicht umsetzen? Eine simple Variante wären eine oder mehrere Worddateien mit den entsprechenden Informationen. Mittlerweile gibt es jedoch Software, die für diesen Zweck besser geeignet ist, beispielsweise Microsoft OneNote oder auch das Programm Cuecards.

29. Wann machen Checklisten Sinn?

Checklisten sind vor allem dann sinnvoll, wenn Sie sicherstellen wollen, dass Sie keinen Punkt bzw. Schritt vergessen. Dies ist vor allem bei wiederkehrenden Aufgaben der Fall, aber auch dann, wenn das Thema von hoher Wichtigkeit ist.

Ich bin sehr froh, dass Piloten mit Checklisten arbeiten – was vermutlich ein Grund dafür ist, dass sehr selten gravierende Dinge vergessen werden. Beim Abarbeiten einer Reihe von Teilschritten sind Sie mit einer Checkliste auch einfach schneller. Zudem haben Sie mit einer Checkliste seltener den „Hab-ich-den-Herd-angelassen-Effekt". Legen Sie Checklisten für sich selbst und Kollegen bzw. Mitarbeiter an. Diese machen Ihnen und auch anderen Personen das Leben deutlich einfacher. Selbstverständlich ist der in vorhergehenden Frage behandelte „Wie-es-geht-Ordner" ein guter Aufbewahrungsort für Checklisten.

30. Kann man Stresssituationen überhaupt vermeiden?

Ich behaupte nicht, dass jede stressige Situation und jeglicher Zeitdruck vermeidbar sind. Aber Sie können die Häufigkeit deutlich reduzieren, indem Sie aus Zeitdrucksituationen lernen – aus eigenen und denjenigen anderer.

Angenommen, Sie geraten unter Zeitdruck. Nachdem Sie die Situation gemeistert haben, stellen Sie sich doch einmal die Frage, ob vergleichbare Situationen für die Zukunft vermeidbar sind. Oft gibt es nämlich bestimmte Muster, die sich immer wiederholen. Auch aus den Zeitdruck-Situationen anderer können Sie deshalb oft lernen, weil es nämlich immer dieselben Muster sind, die zum Zeitdruck führen. Sie müssen nur lernen, sie zu erkennen, um sie dann zu vermeiden.

Ein Beispiel:

Bestimmt ist auch Ihnen das schon passiert – oder wenn nicht, könnte es Ihnen jederzeit passieren: Sie müssen etwas ausdrucken, geraten aber ganz unerwartet unter Zeitdruck, weil Ihr Drucker streikt.

Und wie können Sie eine solche Situation künftig vermeiden? Sie könnten ...
- frühzeitiger anfangen zu drucken,
- einen zweiten Drucker kaufen,
- einen Copyshop beauftragen,
- ...

Sehr oft sind die Lösungen sehr simpel. Die Kunst besteht lediglich darin, die Muster zu erkennen. Die Muster wiederum erkennen Sie, indem Sie (meistens nicht einmal) eine Minute in das Nachdenken über die Ursachen für den zeitdruckbedingten Stress investieren.

Eine weitere einfache Strategie, um weniger Stresssituationen zu erleiden, ist Voraussicht: Fragen Sie sich bei in nächster Zeit anstehenden wichtigen Aufgaben, ob es irgendetwas gibt, das Ihnen durchaus einen Strich durch die Rechnung machen könnte. Oft lassen sich solche Hindernisse im Vorfeld leicht aus dem Weg räumen. Sie müssen sich nur früh genug bewusst machen, dass sie auftreten könnten.

31. Aufgeräumter Schreibtisch = aufgeräumter Kopf?

Ein ordentlich gehaltener Schreibtisch ist zumindest ein guter Beitrag zu einem aufgeräumten Kopf. Die Idealvorstellung ist, dass Sie auf Ihrem Schreibtisch immer nur den Vorgang liegen haben, um den Sie sich augenblicklich kümmern. – Ist das bei Ihnen so? Vermutlich nicht. Muss das so sein? Sicher nicht.

Versuchen Sie deshalb einmal Folgendes:

Erlauben Sie sich zusätzlich zum aktuellen Vorgang noch einen weiteren Stapel. Dieser darf meinetwegen beliebig hoch sein. Aber tragen Sie ihn rechtzeitig ab, bevor der Turm einkracht. Wenn Sie auch das nicht hinbekommen, dann suchen Sie sich (oder installieren Sie) eine zweite horizontale Fläche hinter sich und verfrachten Sie Ihre Stapel dann nach hinten.

Die schlechte Nachricht: Das Chaos ist immer noch da.
Die gute Nachricht: Sie sehen es nicht mehr.

Eine weitere „Second-best-Lösung":

Nehmen Sie zwei sehr dicke Bücher und legen Sie diese unter die beiden Tischbeine, die am weitesten von Ihnen entfernt sind. Der leichte Neigungswinkel führt zumindest zu einer Begrenzung der Höhe Ihrer Stapel.

Aber besser ist es, wenn Sie regelmäßig – zum Beispiel vor jedem Wochenende – ein wenig ausmisten und einsortieren, damit es gar nicht erst so weit kommt. Räumen Sie einmal richtig auf und dann halten Sie regelmäßig ein bisschen Ordnung, dann müssen Sie nie wieder aufräumen.

32. *Was wirkt schnell und gut gegen Stress?*

Zum Abschluss dieses Kapitels erhalten Sie noch ein paar schnelle, wirksame Anti-Stress-Tipps:

1. **Lachen Sie.** Lachen befreit, Lachen entkrampft, Lachen ent-stresst. Lachen Sie über Witze, Situationen oder bestimmte Teilaspekte einer Situation, über andere Menschen oder über sich selbst.

2. **Gehen Sie in die Natur:** Machen Sie einen längeren Spaziergang oder gehen Sie kurz in den Park. Selbst ein paar Minuten weg vom Büro oder von zu Hause, weg von allen technischen Geräten, kann schon viel bewirken.

3. **Treiben Sie Sport.** Sie müssen kein Leistungssportler werden. Aber Sport baut Stress ab. Dreimal pro Woche eine halbe Stunde, das ist schon sehr gut. Selbst einmal pro Woche eine lockere Einheit Ausdauersport ist viel, viel besser als keinmal.

4. **Treffen Sie einen Menschen, den Sie mögen** – oder telefonieren Sie mit ihm. Selbst ein kurzes Telefonat von zwei Minuten zwischen zwei Meetings, mit einer Nachricht an Ihren Partner oder Ihre Partnerin, kann eine Wirkung entfalten. Das kann beispielsweise sein: „Schatz, ich hab nur kurz, wollte dir nur sagen, dass ich dich lieb habe. Ich freue mich auf heute Abend.“

5. **Kreieren Sie Ihre persönliche Gutfühl-Liste.** Ich habe das mal gemacht und festgestellt, dass es für mich mehr als 30 simple Möglichkeiten gibt, meinen inneren Zustand in kurzer Zeit deutlich zu verbessern.

6. **Atmen Sie.** Die meistens Entspannungstechniken beinhalten irgendeine Form von Atemtechnik. Sie können einen Yogakurs besuchen oder sich einfach angewöhnen, zehnmal tief ein- und auszuatmen, nachdem Sie in Ihr Auto gestiegen sind.

7. **Erinnern Sie sich an schöne, entspannte Momente, die Sie in der Vergangenheit erlebt haben.** Vielleicht sind es Urlaubserinnerungen, vielleicht besondere Momente mit einer vertrauten Person, vielleicht auch etwas völlig anderes.

8. **Denken Sie an etwas, auf das Sie sich freuen.** Dies kann eine Begegnung sein, ein zukünftiger Zustand, ein angenehmes Ziel oder wiederum ein (geplanter) Urlaub.

5. | Die Informationsflut unter Kontrolle haben

Der Trend ist eindeutig: Die Informationsmenge nimmt zu und das in fast jedem Bereich. Als arbeitende Menschen bekommen wir immer mehr Informationen von anderen Personen oder Institutionen – ganz zu schweigen von der unaufhörlich steigenden Informationsmenge, die wir, vor allem im Internet, aktiv ansteuern können. Somit wird es auch immer wichtiger, effizient mit Informationen umgehen zu können. Vermutlich kann man diese Fähigkeit mittlerweile schon zu Recht als Schlüsselkompetenz bezeichnen.

5.1 E-Mails effizient verwalten

33. *Wie oft sollte ich meine E-Mails bearbeiten?*

Die Antwort ist: Vermutlich deutlich weniger häufig, als Sie es aktuell tun. Natürlich hängt die sinnvolle Frequenz vom Inhalt Ihrer Arbeit ab, von der Organisation Ihres Verantwortungsbereichs und auch von Erwartungen Ihrer Kontakte. Eine etwas schwammige, aber nützliche Antwort auf die Frage nach der Häufigkeit lautet: Bearbeiten Sie Ihre E-Mails so selten, dass Sie sich damit leicht unwohl fühlen.

Ich kenne nur wenige Menschen, die Ihre Bearbeitungsfrequenz erhöhen müssten, um produktiver zu werden. Für viele funktioniert es gut, E-Mails viermal am Tag zu bearbeiten. Bevor Sie entgegnen, dass dies in Ihrem Aufgabenbereich, in Ihrem Unternehmen oder in Ihrer Branche nicht möglich ist, denken Sie einmal darüber nach, ob das wirklich so ist.

Wenn Sie Ihre E-Mails viermal am Tag bearbeiten, schlage ich vor, dass Sie dies grob nach folgendem Schema tun: erstmalig eine halbe Stunde bis Stunde nach Ihrem Arbeitsbeginn, dann eine halbe Stunde vor dem Beginn der Mittagspause, dann eine halbe Stunde nach dem Ende der Mittagspause und eine halbe Stunde bis Stunde vor Ihrem Feierabend. So ist die Bearbeitung der E-Mails gut über den Tag verteilt (und Sie haben zumindest zweimal am Tag einen Zeitblock, in dem Sie eine selbst definierte Aufgabe vorantreiben, also nicht rein reaktiv tätig sind).

Die meisten Menschen rufen morgens erst mal ihre E-Mails ab und kommen dann aus diesem Reaktionsmodus den ganzen Tag nicht mehr heraus. Ich rate Ihnen auch stark, alle Signaltöne, Briefumschlagssymbole und Vorschaufenster zu deaktivieren. Fast ausnahmslos berichten Seminarteilnehmer, die die beschriebenen Vorgehensweisen ausprobiert haben, dass sie wesentlich produktiver arbeiten und selbstbestimmter handeln konnten. Probieren Sie es aus und urteilen Sie selbst.

34. Wie strukturiere ich meinen Posteingang?

Es macht schlichtweg Sinn, das E-Mail-Postfach in Unterordner zu untergliedern. Wenn Sie nur fünf E-Mails pro Tag erhalten, mag dies anders sein, aber wenn Sie viele E-Mails bekommen, ist es deutlich von Vorteil. Würden Sie Ihre ganzen Kleidungsstücke wahllos in den Kleiderschrank werfen? Vermutlich nicht. Warum nicht? Weil Sie nach entsprechender Sortierung von Hosen, Hemden, Unterwäsche etc. beim Suchen Zeit einsparen. Genauso ist es bei Ihren E-Mails. Wenn diese nach Themen sortiert sind, finden Sie die aktuell benötigte Information im Schnitt schneller wieder.

Manchmal entgegnen Menschen, dass die elektronische Suche schneller ist. Manchmal ist sie wirklich schneller. Aber solange die semantische Suche (wenn Sie bei einer Suchmaschine das Wort „Redner" eingeben, dann „versteht" die Suchmaschine, dass Sie vermutlich auch an Ergebnissen mit dem Wort „Referent" interessiert sind) noch keinen Einzug in Ihr E-Mailprogramm gefunden hat, ist es vorteilhaft, eine gewisse Ordnung zu halten.

Oft macht eine Strukturierung in Form Ihrer wichtigsten Zuständigkeitsbereiche Sinn. Wenn Sie eigene Kunden haben und andere Kunden durch Ihre Kollegen oder Mitarbeiter betreut werden, dann macht oft ein entsprechender Unterordner Sinn. Dann gibt es vielleicht einen weiteren Unterordner für Lieferanten und einen weiteren für Projekte sowie einen Ordner für Finanzthemen. Vielleicht macht eine Untergliederung nach Geschäftsbereichen Sinn. Vielleicht gibt es bei Ihnen aber auch eine völlig andere Struktur, beispielsweise eine, die sich an Ihren wichtigsten Zielen orientiert.

Übrigens empfehle ich, eine gut durchdachte Struktur zu definieren und sie dann möglichst überall dort durchzuziehen, wo dies sinnvoll ist. Meine Struktur findet sich wieder in meiner persönlichen Planungstabelle, der ersten Ebene unseres Servers, ist die Grundlage für Zielsetzungen etc. Dies hilft, Dinge schneller wiederzufinden und sich auf die wesentlichen Zielsetzungen zu konzentrieren.

35. Haben E-Mail-Regeln entscheidende Vorteile?

Die eindeutige Antwort lautet ja – sofern Sie eine größere Anzahl von E-Mails pro Tag erhalten. Die Vorteile von E-Mail-Regeln sind, dass Sie thematisch zusammenhängende E-Mails in einem Guss abarbeiten können. Wenn Sie beispielsweise einen Unterordner für ein bestimmtes Projekt haben, dann landen im Idealfall alle E-Mails hierzu in diesem Unterordner.

Stellen Sie sich vor, Sie haben 50 neue E-Mails in Ihrem Postfach, von denen sechs E-Mails zu diesem Projekt gehören. Sind diese in einem Unterordner, können Sie sie am Stück abarbeiten. Landen alle 50 E-Mails in nur einem Hauptordner, fällt Ihnen vielleicht gar nicht sofort auf, dass es sechs E-Mails zu einem Thema gibt. Sie müssen dann beim Abarbeiten thematisch springen – was deutlich schwieriger und ineffizienter ist.

Besonders ärgerlich kann es sein, nach vielen thematischen Sprüngen am Ende der Kette festzustellen, dass sich ein Thema zwischenzeitlich erledigt hat. Bei einer Gruppierung fällt Ihnen so etwas eher auf, da Sie leichter feststellen können, welche E-Mail zu einem Thema die aktuellste ist, die Ihnen vermutlich Hinweise auf den aktuellen Stand der Dinge gibt.

Auch für Folgeaktionen, z. B. Telefonate aufgrund von E-Mails, hat die Gruppierung deutliche Vorteile. Stellen Sie sich vor, dass Sie von einer Person mehrere E-Mails erhalten haben. Wenn diese nicht sortiert sind, dann fällt Ihnen dies vielleicht nicht auf und Sie rufen die Person mehrfach an.

Auch bei der Priorisierung helfen Unterordner. Sie haben die Wahl, welches Thema Sie zuerst angehen und welches danach und so weiter. E-Mails einfach chronologisch oder anti-chronologisch abzuarbeiten stellt weder eine thematische Bündelung noch eine erwähnenswerte Priorisierung dar, sondern entspricht weitestgehend einer Zufallsreihenfolge.

Hier noch ein Erfahrungswert aus der Praxis:

Meistens macht es Sinn, nur so viele Ordner und Unterordner zu definieren, dass Sie alle Unterordner im voll aufgeklappten Zustand noch sehen können, ohne scrollen zu müssen. Sonst besteht nämlich eine gewisse Gefahr, dass Mails von Ihnen unbemerkt in irgendeinem Unterordner landen. Die Anzahl der sichtbaren (Unter-)Ordner können Sie erhöhen, wenn Sie Ordner, die nicht ganz so wichtig sind, ganz nach unten verschieben oder sogar löschen. Bei mir befinden sich beispielsweise die Ordner „Junk E-Mail", „Postausgang", „gelöschte Objekte" und „Entwürfe" ganz unten. Dies lässt mir locker Platz für fünf Hauptordner und insgesamt zehn Unterordner, ohne dass ich das Standardfenster vergrößern muss.

36. Welche E-Mail-Regeln sind möglich und sinnvoll?

Zunächst einmal kann nicht jedes E-Mail-Programm alles, aber die meisten E-Mail-Programme verfügen über die meisten der nachfolgend beschriebenen Funktionen. Sie können zum einen Kriterien festlegen und zum anderen definieren, was geschehen soll wenn dieses Kriterium zutrifft.

Fangen wir mit den Kriterien an:

Für die meisten arbeitenden Menschen ist die Sortierung nach verschiedenen Absendern am wichtigsten. Sie können nach E-Mail-Adressen sortieren oder nach den Namen der Absender – was für die meisten Ihrer Kontakte identisch sein dürfte.

Sie können auch Absenderkreise kreieren, also beispielsweise alle Absender von einem Unternehmen oder von einem Verband. Sie können auch eine Sortierung nach bestimmten Wörtern im Betreff oder im Text der E-Mail festlegen. Aber hier ist die Sortierfunktion von Mail-Programmen leider nur so schlau, dass sie lediglich die eingegebenen Wörter erkennt. Wenn es keine exakte Übereinstimmung gibt, wird die Regel nicht angewandt. Aber dennoch: Bestimmte Rundschreiben und Newsletter haben meistens immer denselben (Teil-)Text im Betreff.

Weniger häufig werden Regeln in Abhängigkeit von der Größe der E-Mail oder dem Vorhandensein eines Anhangs eingerichtet. Sehr nützlich ist hingegen oft die Unterscheidung zwischen E-Mails, bei denen man selbst ein „An-Empfänger", und solchen, bei denen man selbst ein „Cc-Empfänger" ist. Sie können auch meist unterscheiden, ob Sie der einzige Empfänger sind oder nur einer unter mehreren Empfängern.

Wenn mehrere Kriterien auf eine Mail zutreffen sollten, muss man ein wenig aufpassen. Die meisten Programme (u. a. Outlook) wenden dann beide Regeln an und die E-Mail landet in zwei verschiedenen Ordnern und ist somit doppelt vorhanden – was Ihre Bearbeitungszeit nicht gerade reduziert.

Sie können natürlich auch Prioritäten für die Anwendung von Regeln einrichten, aber dies ist meistens den Aufwand nicht wert. Es geht schließlich nicht um *die* perfekte Lösung, sondern um eine gute Übersicht und um Zeitersparnis. In den meisten Fällen reicht das Kriterium des Absenders völlig aus.

Was passiert mit einer E-Mail, auf die ein Kriterium zutrifft?

Die wichtigste Aufforderung an das Mailprogramm lautet: Dann verschiebe die E-Mail in folgenden Ordner bzw. Unterordner. Alle E-Mails vom Chef oder von einem bestimmten Kunden landen somit in einem bestimmten Ordner. Sie können auch einen speziellen „Cc-Ordner" einrichten, in dem alle „Cc-E-Mails" landen und in den Sie seltener hineinschauen. Sie können sogar definieren, dass bestimmte E-Mails mit Signalton eingehen und andere nicht. Generell empfehle ich allerdings, jegliche akustischen Signale zu deaktivieren.

Es kann sehr nützlich sein, bestimmte E-Mails an einen anderen E-Mail-Account oder an Ihr Smartphone weiterzuleiten. Ich leite beispielsweise meine Reiseunterlagen, weil ich diese auf dem Handy haben will, an das Smartphone weiter. Ansonsten gibt es noch eine spezielle E-Mail-Adresse, die nur Mitarbeiter in meinem Büro kennen, deren Inhalte bei mir auf dem Handy landen. Alles andere landet nur auf dem „großen" Rechner und wird dort bearbeitet. Diese Einstellungen können Sie sowohl im E-Mail-Programm als auch an Ihrem Smartphone einstellen.

Generell empfehle ich Ihnen, zunächst nur ein paar Regeln einzuführen und Erfahrung mit diesen zu sammeln, bevor Sie schrittweise weitere Regeln festlegen. Streben Sie nicht von Anfang an die allumfassende, perfekte Lösung an.

Der Vollständigkeit halber sei erwähnt, dass es natürlich sein kann, dass Ihre IT-Abteilung bestimmte Funktionen eingeschränkt hat und Sie aufgrund der fehlenden Administratorrechte nicht alle technisch möglichen Optionen voll nutzen können. An welchen Stellen diese Einschränkungen sinnvoll sind und an welchen nicht, ist ein anderes Thema.

37. Macht es Sinn, mit Farben zu arbeiten?

Farben sind ein natürliches Ordnungssystem, das man nutzen kann, aber natürlich nicht muss. Stellen Sie sich eine große Wand mit rund 100 Aktenordnern vor. Angenommen, Sie haben sechs verschiedene Ordnerfarben und die 100 Ordner sind thematisch entsprechend geordnet. Wenn Sie jetzt die Unterlagen zu einem bestimmten Thema suchen, dem die Farbe Blau zugeordnet wurde, müssen Sie nur innerhalb der blauen Ordner suchen. Das spart Zeit und deshalb kann eine solche farbliche Zuordnung auch für Ihren Kalender im Mail-Programm und vielleicht sogar für Ihre E-Mails und Ihre Kontakte sinnvoll sein.

Beispiel: Kalender

Ihre firmeninternen Termine können Sie mit einer Farbe versehen, Ihre externen Termine mit einer anderen und Ihre Reisen wiederum mit einer ganz anderen Farbe.

Vielleicht ist auch eine farbliche Zuordnung entsprechend Ihrer Projekte oder Ihrer Verantwortungsbereiche sinnvoll. Ich z. B. habe Termine in einer Farbe und für Reisen nutze ich drei verschiedene Farben, unterteilt nach Bahnfahrten, Autofahrten und Flügen. Welchen Nutzen hat das? Bei der Wochenplanung sehe ich schnell für die betreffende Woche, wie viele Flüge ich haben werde, wie viele Stunden ich im Auto und wie viele ich in der Bahn verbringen werde. Für die Bahnreisen kann ich so beispielsweise viele am Computer zu erledigende Dinge einplanen. Im Auto kann ich beispielsweise ein Privatgespräch führen oder mich per Audioprogramm weiterbilden und im Flieger kann ich ein handschriftliches Konzept ausarbeiten, das ich dann abfotografiert ans Büro schicke.

Sie haben natürlich die Möglichkeit, jedem einzelnen Kalendereintrag eine Kategorie zuzuweisen; Sie können aber auch die zeitsparende Alternative wählen, indem Sie automatische Zuordnungen definieren, nach bestimmten Schlüsselwörtern wie „Autofahrt", „Bahnfahrt" oder „Flug".

Mein Farbschlüssel sieht so aus: Autofahrten in Grau, Bahnfahrten in Orange, Flüge in Rot, Hotelübernachtungen in Lila, Vorträge und Seminare in Grün. Wenn ich einen Mietwagen am Flughafen abhole, muss ich statt *Flug*hafen „Airport" im Kalender vermerken; sonst kategorisiert mein Outlook diesen Eintrag als Flug – und das könnte mich verwirren.

Sie sehen also: Je feiner ein solches System ausdifferenziert wird, umso stärker muss man auch bestimmte Nuancen im Blick haben. Ich kann jedoch gut mit diesen kleinen „Risiken" umgehen und sehe den Farbschlüssel insgesamt als eine gute Arbeitserleichterung an.

38. Was gilt es beim Formulieren von E-Mails zu beachten?

Wie bei so vielen Themen gilt auch hier: Ein positives Verhalten färbt auf andere ab – vielleicht nicht auf alle, aber auf viele.

Der beste Tipp, den ich je zum adressatengerechten Formulieren von E-Mails erhalten habe, lautet: Gehen Sie zweistufig vor. Zuerst schreiben Sie eine kurze Zusammenfassung des Sachverhalts. Im zweiten Schritt lassen Sie den Rest weg. Das ist vielleicht etwas überspitzt formuliert, trifft aber den Kern der Sache. E-Mail-Nachrichten sollen nämlich prägnant sein. Bringen Sie deshalb auch klar zum Ausdruck, was Sie vom Empfänger möchten. In der Regel lassen sich Nachrichten einer der folgenden drei Kategorien zuordnen:
- Es geht lediglich um Kenntnisnahme,
- Sie möchten eine Antwort auf eine Frage
- oder Sie fordern zu einer Handlung auf.

An: Die richtige Nachricht an die richtigen Empfänger

Wenn Sie eine E-Mail an mehrere Personen schreiben, achten Sie bitte darauf, die einzelnen Empfänger auch in die richtigen Felder zu setzen. Das „An-Feld" ist für diejenigen, die aktiv werden sollen oder zumindest eng involviert sind. Das „Cc-Feld" entspricht dem Hinweis „zur Kenntnisnahme, keine Aktion erforderlich".

Wenn Sie über drei getrennte Themen mit ein und demselben Empfänger per E-Mail kommunizieren, dann schreiben Sie drei separate E-Mails. Dies mag zunächst nach einer unnötigen Datenflut aussehen und die Tatsache, dass insgesamt mehr Mails zu behandeln und zu verwalten sind, mag ein minimaler Nachteil sein. Sie vermeiden aber die Gefahr, dass ein Thema als ein Punkt unter vielen in ein und derselben Mail aus Versehen untergeht und dem Empfänger erleichtern Sie die Differenzierung zwischen offenen und erledigten Themen.

Vor dem Versand einer E-Mail stellen Sie sich bitte die Frage, ob die Mail wirklich an alle potenziell möglichen Empfänger gehen muss. Doppelt so viele Empfänger bedeutet nämlich, dass sich auch insgesamt der aus der Mail resultierende Aufwand für die Empfänger verdoppelt.

Betreff: Lesbarkeit und weniger Mühe für den Empfänger

Bei mehreren Empfängern sollten Sie auch bedenken: Je mehr Personen die E-Mail erhalten, desto mehr Mühe sollten Sie als Sender sich geben, gut lesbar zu schreiben. Denn: Viele Empfänger bewirken einen multiplikativen Effekt für Ihre Nachricht – positiv wie negativ. Den „Betreff" formulieren Sie am besten erst ganz zum Schluss, wenn der Inhalt Ihrer Nachricht wirklich feststeht. Sie haben so nicht mehr Aufwand, Ihre Betreffzeile hat hierdurch jedoch eine höhere Qualität. Ein guter Betreff hilft dem Empfänger, die Informationen inhaltlich und in Bezug auf die Priorität des Themas leichter einzuordnen. Manchmal sind Zusatzinformationen im Betreff sinnvoll, beispielsweise: „Brauche Antwort bis", „Hat Zeit" oder „Zur Info". In manchen Fällen kann sogar die ganze – wirklich kurze – Botschaft in der Betreffzeile untergebracht werden. Dies sollten Sie kennzeichnen, indem Sie in die Betreffzeile auch noch das Wort „End" oder „Ende" einfügen. So muss der Empfänger die E-Mail noch nicht einmal aufmachen, sondern kann sie schon im Vorschaufenster vollständig erfassen.

Wenn sich das Thema einer E-Mail-Kommunikation verändert hat, dann ändern Sie auch den Betreff. Heute wissen Sie vielleicht noch, dass sich hinter dem Betreff „Thema X" in Wirklichkeit das „Thema Y" verbirgt. Aber wissen Sie und die andere Person das in drei Wochen oder drei Monaten immer noch? Vermutlich nicht. Viele

Menschen wissen gar nicht, dass man den Betreff einer E-Mail verändern kann. Dies gilt sogar für erhaltene E-Mails, auf die Sie nicht antworten.

Wie geht das? Sie öffnen die entsprechende E-Mail (Sie dürfen sie sich nicht nur im Vorschaumodus anzeigen lassen!) und dann können Sie dem Betreff etwas hinzufügen oder etwas in der Betreffzeile löschen oder verändern. Wenn Sie die E-Mail wieder schließen, werden Sie gefragt, ob Sie die Änderungen speichern wollen – genau wie bei einer Datei.

Meistens ist es sinnvoll, einfach ein Wort oder ein paar Wörter *hinzuzufügen*. So ist die ursprüngliche Information weiterhin vorhanden. Auf dieselbe Weise können Sie natürlich auch dem E-Mail-Text Wörter hinzufügen. Verwenden Sie möglichst Wörter, unter denen Sie suchen würden.

5.2. Gekonntes Datei-Management

39. *Was gilt es bei der Dateiabspeicherung zu beachten?*

So trivial es klingen mag: Entscheidend ist, dass Sie abgespeicherte Dateien auch leicht wiederfinden. Und damit Ihnen das gelingt, gilt es, zwei einfache, aber wichtige Punkte zu beachten:

1. Bevor Sie eine Datei speichern, stellen Sie sich die Frage, ob Sie auch an der entsprechenden Stelle suchen würden, wenn Sie die Datei brauchen. Wenn die Datei auch für andere Personen relevant ist, dann sollte der Speicherort noch logischer oder intuitiver sein. Übrigens können Sie Ihren Rechner so einrichten, dass Ihr Standardspeicherort für Dateien immer schnell für Sie erreichbar ist. Vor allem wenn Sie oft am selben Ort speichern, sparen Sie Zeit, wenn Sie sich nicht immer erst durch mehrere Ebenen eines Servers durchklicken müssen.

2. Der Dateiname ist von entscheidender Bedeutung. Das Kriterium für einen guten Dateinamen lautet: Würden Sie bzw. andere (relevante) Personen auf Anhieb erkennen, was der Inhalt der Datei ist, ohne die Datei selbst zu öffnen? Wenn Sie diese Frage bejahen können, haben Sie einen guten Dateinamen gewählt. Nein, „mappe1.xls" ist kein guter Dateiname und „Planung-aktuell-neu-heute.xls" auch nicht. Packen Sie nützliche Informationen in den Dateinamen – nicht mehr und nicht weniger. Manchmal können gute Dateinamen recht kurz sein, vor allem dann, wenn Unterordner schon einen guten Aufschluss über die Kategorie der Information geben. Ein Beispiel für einen längeren *für uns* sinnvollen Dateinamen ist: „111214_Flug_AB6203_TXL-MUC_120114_101,01". Der Name bezeichnet

einen Flug, der am 14.12.2011 gebucht wurde, am 14.1.2012 stattgefunden hat, mit Air Berlin von Berlin-Tegel nach München, zu einem Preis von € 101,01. Dieser kleine Zusatzaufwand bei Dateinamen spart uns unter dem Strich Zeit, beispielsweise dann, wenn im Rahmen der monatlichen Buchhaltung eine Zahlung nicht direkt zugeordnet werden kann.

40. Wann ist es sinnvoll, Dateien mehrfach zu speichern, und wann nicht?

Sinnvolle Mehrfachspeicherung

Manchmal macht es Sinn, eine Datei, an der viel gearbeitet wird, in verschiedenen Versionen abzuspeichern. Diese Vorgehensweise reduziert das Risiko, dass Arbeit verloren geht, beispielsweise wenn zwischendurch ein Fehler eingebaut wird.

Für eine solche Mehrfachspeicherung nutzen Sie dann am besten denselben Dateinamen, allerdings ergänzt durch das Datum. Hier schlage ich das Format JJMMTT vor oder auch JJJJMMTT (J = Jahr, M = Monat, T = Tag). So sorgen Sie für deutlich mehr Übersichtlichkeit, weil die verschiedenen Versionen in chronologischer oder antichronologischer Reihenfolge sortiert werden, wobei das erste Sortierkriterium das Jahr ist. Nimmt man das Format TTMMJJ oder TTMMJJJJ, erfolgt die Sortierung entsprechend des Tages des Monats, was im Regelfall wenig Sinn macht.

Wenn Sie Dateien als E-Mail-Anhang erhalten, dann entscheiden Sie ob Sie, diese Datei noch brauchen werden oder nicht. Wenn nicht, dann löschen Sie die E-Mail oder zumindest den Anhang. Ja, man kann allein den Anhang löschen. Wenn die angehängte Datei noch gebraucht wird, dann macht es im Regelfall Sinn, sie außerhalb Ihres E-Mail-Programms abzuspeichern. Warum? Vermutlich archivieren Sie E-Mails, die mehr als X Monate alt sind. Denken Sie dann noch daran, die wichtigen Dateien abzuspeichern?

Nutzen Sie Ihr E-Mail-Programm – zumindest nicht im Regelfall – als Dateispeicherort. Als Nebeneffekt ist es sehr gut möglich, dass Ihr E-Mail-Programm sogar schneller wird, wenn nicht ganz so viel Datenballast mitgeschleppt wird.

Überflüssige Mehrfachspeicherung

Wenn Sie E-Mails innerhalb einer Gruppe von Menschen verschicken, die alle Zugriff auf ein Intranet, auf einen gemeinsamen Server haben, dann überlegen Sie, ob Sie statt eines Anhangs nicht besser einen Link zu der entsprechenden Datei verschicken. Das macht natürlich nur Sinn, wenn bei allen Empfängern der Pfad derselbe ist (manchmal, wenn auch selten, haben Laufwerke bei verschiedenen Personen unterschiedliche Buchstabenzuordnungen).

Welche Vorteile hat dies? Sie können vermeiden, dass die Datei von verschiedenen Personen überflüssigerweise an verschiedenen Orten abgespeichert wird. Und jeder, der es wissen muss, weiß dann, wo sich die Datei befindet. Wenn Sie im Gegensatz dazu eine E-Mail samt Anhang an 50 Personen verschicken, könnte der Anhang am Ende an insgesamt 51 Stellen gespeichert sein: am ursprünglichen Speicherort und in den Verzeichnissen von 50 Empfängern.

An diesem Beispiel wird deutlich, wie viel Datenredundanz durch E-Mail-Anhänge produziert werden kann. Die Datenkosten pro Dateneinheit nehmen zwar ab, aber hoch verfügbare Daten (auf einem Server beispielsweise) kosten nach wie vor erheblich Summen.

41. Wie reduziere ich Datenmüll?

Machen Sie es sich auch zur Gewohnheit, sich immer mal wieder Ihre (größeren) Datei-Ordner vorzunehmen und diesen auszumisten. – Brauchen Sie z. B. wirklich noch alle vorhandenen Varianten einer einzelnen Datei?

Alternativ können Sie natürlich auch mal einen halben Tag reservieren und in Ihren Dateien und Ordnern einen großen „Frühjahrsputz" veranstalten. Es ist erstaunlich, welche Daten-Volumina sich im Laufe der Zeit ansammeln.

Vermutlich sind Sie im Laufe der Zeit in vielen Verteilern gelandet. Sind alle noch sinnvoll? Bestellen Sie z. B. Newsletter, die Sie ohnehin nie lesen, ab. Wenn Sie Werbung zu Produkten erhalten, die Sie nicht interessieren, dann lassen Sie sich aus dem Verteiler nehmen. Bei physischer Werbepost ist es oft am schnellsten und am wirksamsten, die Sendung nicht zu öffnen und die Annahme zu verweigern (bzw. diese Botschaft auf den Umschlag zu schreiben und die Sendung zurückzuschicken).

Ihr E-Mail-Postfach können Sie leicht aufräumen, indem Sie alle E-Mails, die älter sind als X Monate, archivieren. Beachten Sie hierbei die gesetzlichen Aufbewahrungsfristen, bevor Sie Teile Ihres Archivs löschen. Wenn Sie zusätzlich Platz gewinnen wollen, dann können Sie Ihre gesendeten und empfangenen E-Mails auch nach Größe sortieren. Oft bringt das Löschen oder Abspeichern der größten Dateien schon eine erhebliche Entlastung für Ihr Postfach.

5.3 Die eigene Arbeit mit technischen Geräten effizienter gestalten

42. Lohnt sich das Zehn-Finger-Schreiben?

Ich weiß dass es Menschen gibt, die das Zehn-Finger-Schreiben mit einer weniger gehaltvollen Arbeit assoziieren. Aber betrachten wir das Thema im Kontext der Zeitersparnis. Wie viel Zeit verbringen mit der Eingabe von Informationen am Bildschirm? Nehmen wir mal an, dass Sie beispielsweise drei Stunden pro Tag vor einem Computer sitzen und ein Drittel dieser Zeit schreibend verbringen, also eine Stunde. Wenn Sie von dieser Stunde auch nur ein Drittel einsparen könnten, dann wären das „nur" ca. 20 Minuten. Vielleicht klingt das für Sie nach einer nennenswerten Größe, vielleicht auch nicht.

Jetzt stellt sich die Frage, wie viele Arbeitstage Sie voraussichtlich noch arbeiten werden. Ob in vielen Jahren die Tastaturen noch dieselben sein werden wie heute, kann ich Ihnen leider nicht mit Sicherheit vorhersagen. Aber gehen wir mal davon aus, dass noch eine Weile die heute üblichen Tastaturen stark verbreitet sein werden.

Und dann rechnen wir mal: Wie hoch ist die zeitliche Investition, das Zehn-Finger-Schreiben gut zu erlernen? Das hängt natürlich von Ihrem Ausgangsniveau ab. Wer mit vier bis sechs Fingern schon recht gut schreibt, der braucht meistens ein bis zwei volle Tage oder zehn bis 14 Tage mit ca. 15 Minuten pro Tag, um auch mit zehn Fingern genauso gut zu sein wie vorher. Aber mit dem weiteren Lernfortschritt beginnt die Zeitersparnis. Wenn wir bei den 20 Minuten pro Tag aus dem obigen Beispiel bleiben, amortisiert sich die investierte Zeit schon innerhalb eines Monats.

Ich weiß nicht, wie attraktiv Ihnen dies erscheint, aber ich persönlich liebe Einmal-Investitionen, die sich schnell amortisieren und ab dann auf Dauer Zeit sparen. Ich rechne bei solchen Entscheidungen meistens hoch und stelle mir die Frage: Wenn ich fünf oder zehn solcher „Investitionsmöglichkeiten" hätte, würde ich diese dann nutzen? Kleinvieh – und das gilt auch in Bezug auf Zeitersparnis – macht bekanntlich ebenfalls Mist.

An diesem kleinen Beispiel des Zehn-Finger-Schreibens wird deutlich, dass man es sich eigentlich nicht leisten kann, diese Möglichkeit nicht zu nutzen. Wie kann man diese Schreibfertigkeit erlernen? Theoretisch brauchen Sie nur die Grundstellung für das Zehn-Finger-Schreiben zu kennen und schon können Sie anfangen, sauber zu üben. Einen schnelleren Start hat man meistens, wenn man einfach mal einen Tag investiert. Die Wahrscheinlichkeit ist hoch, dass Ihre örtliche Volkshochschule das Thema regelmäßig in ordentlicher Qualität zu einem niedrigen Preis anbietet.

Es gibt auch spezielle Software. Meine Empfehlung hierzu finden Sie, neben anderen Empfehlungen, unter ↗ www.peoplebuilding.de/Empfehlungen/Effektivitaetstools. Mit dieser Software habe ich selbst anfangs trainiert.

Selbstverständlich sparen Sie bei längeren Schriftstücken auch Zeit, wenn Sie diktieren. Und: Diktiersoftware wird immer besser. Nach wie vor brauchen auch die guten Programme eine gewisse Lernphase, aber mit zunehmend besseren Produkten wird diese immer kürzer werden. Das klassische Diktieren ist natürlich weiterhin eine Option, aber personalintensiv.

43. Warum ist die Maus ein Effizienz-Killer?

Ich behaupte: Es gibt zwar Situationen, in denen die Maus den schnellsten Weg darstellt, aber in den meisten Fällen Sie sind ohne Maus schneller – vorausgesetzt Sie kennen die Tastenkürzel. Alleine schon, sich ein wenig mit der „Strg-Taste" zu beschäftigen, bringt nennenswerte Vorteile.

Hier ein Überblick über einige der wichtigsten Shortcuts mit „Strg":

Strg+A: markiert (die ganze Datei, z. B. ein ganzes Excel-Blatt)
Strg+C: kopiert das Markierte
Strg+F: öffnet die Suchfunktion (f wie „finden")
Strg+H: öffnet die Funktion „Suchen und ersetzen"
Strg+N: öffnet im jeweiligen Programm ein neues leeres Dokument (n wie „neu")
Strg+O: öffnet (bspw. die markierte Datei)
Strg+P: druckt (p wie „print")
Strg+S: speichert
Strg+V: fügt ein
Strg+X: schneidet aus
Strg+Y: wiederholt
Strg+Z: zurück

Shortcuts mit der Windows-Taste:

Die wichtigsten Kombinationen mit der Windows-Taste (auf dieser befindet sich das Windows-Symbol) sind die Buchstaben D, E und L.:

Mit „Win+D" (D wie „Desktop") minimieren Sie alle Fenster und landen somit auf Ihrem Desktop. (Nein, Sie müssen nicht siebenmal auf das Minuszeichen oben rechts im Bildschirm klicken, um sieben Dateien zu minimieren.)

„Win+E" (E wie Explorer) öffnet den Windows-Explorer. „Win+L" (L wie Logout) meldet Sie ab. Das ist sehr praktisch, wenn man in die Mittagspause gehen möchte.

Funktionstasten:

Hilfreich ist es auch, zumindest die ersten fünf „F-Tasten" (also F1 bis F5) zu kennen.

„F1" kennen viele Menschen. Es ist die Hilfefunktion.

Mit „F2" können Sie markierte Dateien umbenennen.

Mit „F3" öffnen Sie die Suchfunktion.

Vielfach einsetzbar ist die F4-Taste:
- Die reine „F4-Taste" führt Sie im Windows und Internet Explorer zur Adressleiste.
- Wenn Sie „Strg+F4" drücken, schließen Sie damit das jeweilige Fenster.
- Wenn Sie „Alt+F4" betätigen, schließen Sie das gesamte Programm (auch wenn Sie mehrere Dateien in diesem Programm offen haben).

Mit „F5" können Sie Inhalte aktualisieren, beispielsweise in Ihrem Browser.

Probieren Sie beim Navigieren zwischen Fenstern und Dateien auch mal die Kombination „Alt+Tab" aus. Die „Tab-Taste" befindet sich auf der linken Seite Ihrer Tastatur, ziemlich weit oben. Auf ihr befinden sich untereinanderstehende Pfeile, die in beide horizontale Richtungen weisen. Wenn Sie „Alt-Tab" gedrückt halten und dann die linke oder rechte Pfeiltaste auch noch drücken, dann wird die Zeitersparnis deutlich.

Hier noch ein Umsetzungs-Tipp: Gehen Sie auf ↗ www.peoplebuilding.de/shortcuts, drucken die Vorlage aus und nehmen jeden Tag ein Kürzel dazu. Sie werden sehen, wie schnell Sie ein Shortcut-Fan werden und wir sehr andere Menschen darüber staunen werden, wie schnell Sie am PC navigieren können.

44. Wie kann ich bei der Computerarbeit noch mehr Zeit sparen?

Bestimmt verwenden auch Sie immer wiederkehrende Phrasen oder tippen einige Wörter besonders häufig.

Sie haben mindestens zwei Möglichkeiten, hierbei erheblich an Zeit einzusparen. Entweder Sie nutzen ein intelligentes Zusatzprogramm (meinen Favoriten finden Sie unter ↗ www.peoplebuilding.de/Empfehlungen/Effektivitaetstools) oder Sie „missbrauchen" die Autokorrekturfunktion. In beiden Fällen ist das Prinzip dasselbe: Sie definieren Buchstabenkombination, die sonst alleinstehend im Text nicht vorkommen, aus denen „automatisch" ein anderer, längerer Text wird, wenn Sie danach die Leertaste betätigen.

Einige Beispiele werden Ihnen den enormen Nutzen schnell verdeutlichen:

Beginnen wir mit Anreden: Aus „hh" wir „Hallo Herr". Aus „hf" wird „Hallo Frau". Aus „sgduh" wird „Sehr geehrte Damen und Herren".

Ich benutze oft die Wörter „Personalentwicklung", „Peoplebuilding" und „PoweReading". Für diese sind die Kürzel „pe", „peo" und „po" hinterlegt. Auch für die von mir oft verwendeten Städtenamen „München", „Frankfurt", „Köln", „Geretsried" und „Wolfratshausen" sind entsprechende Kürzel hinterlegt.

Wenn ich jemandem mein Trainerportrait schicken will, muss ich lediglich „por" eingeben und schon erscheint: „↗ www.peoplebuilding.de/Portrait_Referenzen.pdf".

Diese Vorgehensweise lässt sich auch für ganze Textbausteine erweitern. Wenn ich mit jemandem telefoniert habe, der mich für meinen Schwerpunkt PoweReading buchen möchte und ich will ihm mein Portrait zuschicken, dann nutze ich das Kürzel „telpor". Es baut sich folgender Text auf, den ich natürlich noch entsprechend abändere:

Hallo Herr ,

vielen Dank für das Gespräch vorhin. Anbei sende ich Ihnen mein Portrait mit ausführlichen, aber übersichtlichen Informationen zum Download: ↗ www.peoplebuilding.de/Portrait_Referenzen.pdf (4 MB).

Laut einer Untersuchung meines Trainingsinstituts verbringen Führungskräfte im Schnitt 3,5 Stunden täglich mit Lesen. Gleichzeitig ist meistens wenig bekannt, dass sich dieser Prozess erheblich verbessern lässt. Die Tür für mögliche nächste Schritte steht offen.

Freundliche Grüße,
Zach Davis

Spätestens jetzt sollte der Nutzen deutlich geworden sein. Ich schreibe selten einen Satz oder gar Absatz, ohne dass ich nicht wenigstens ein Kürzel verwende.

5.4 Die grauen Zellen auf Trab bringen

45. Wie kann ich mehr Informationen im Kopf behalten?

Wenn Sie beim Merken von Fakten nur 50 bis 100 Prozent besser werden wollen, dann ist das einfach. Wenn Sie mehr wollen, dann ist ein bisschen Arbeit damit verbunden.

Das offene Geheimnis der Gedächtnistechniken sind das Visualisieren und das Verknüpfen. Nehmen wir an, Sie sind unterwegs und haben zwei gute Ideen und Ihnen fallen fünf zu erledigende Aufgaben ein –aber Sie haben nichts zu schreiben dabei. Dann nutzen Sie eine ganz simple Technik:

Die Körperliste

Eine sogenannte Körperliste können Sie problemlos für bis zu 15 Fakten nutzen. Sie fangen unten (oder wenn es Ihnen lieber ist: oben) am Körper an und hängen dann, visuell verknüpft, die abzuspeichernden Informationen an die Köperpartien. Klingt kompliziert? Nein, es geht kinderleicht. Beginnen wir mit den 15 Körperpartien (diese bleiben gleich und sie können ja beliebig oft nachschauen): Zehen, Ferse, Wade, Knie, Oberschenkel, Gesäß, Bauch, Brust, Schulter, Hals, Mund, Nase, Augen, Stirn, Schädeldecke.

Jetzt wollen Sie folgende zwei Ideen festhalten: Sie überlegen,

1. eine Pressenotiz für Ihr Unternehmen zu schreiben und wollen
2. für die Firmenfeier eine Mickey-Maus-Figur einladen.

Stellen Sie sich also vor, dass Sie einen Notizzettel (Notiz) zwischen Ihren Zehen einklemmen und feste pressen (Presse). Und dann stellen Sie sich vor, dass hinter Ihnen eine kleine Mickey-Maus an Ihre Ferse klopft.

Dann wollen Sie sich noch merken, unbedingt Ihre Mutter anzurufen. Hierfür ist natürlich Ihre Wade per Nabelschnur mit einem Telefon verbunden. Das vergessen Sie so schnell nicht.

Wenn Sie die visuellen Verknüpfungen noch ein bis zweimal wiederholen, hält das im Regelfall mindestens ein paar Stunden an, bis Sie eine Gelegenheit haben, die Gedanken aufzuschreiben.

Wie kann man sich mehr Namen merken?

Das Grundprinzip ist dasselbe, nämlich Visualisierung und Verknüpfung: Sie finden für den Namen ein Bild. Das ist bei Herrn Stein oder Frau Kirsch natürlich einfach. Bei Herrn Müller stellen Sie sich beispielsweise eine Mühle vor, bei Simone denken Sie an eine Zitrone. Bei Herrn Burkinski ist es etwas schwerer. Aber auch hier kann man sich „Burg" und „Ski" vorstellen.

Die Bilder verknüpfen Sie dann mit irgendetwas, das Ihnen an dieser Person auffällt: Nase, Mund, Haarlänge, Haarfarbe, Körpergröße, Gang etc. Wenn Herr Stein z. B. eine hohe Stirn hat, stellen Sie sich einen Steinschlag auf der Stirn vor oder dass dort ein Stein klebt.

Wie funktioniert es mit dem Merken von Zahlen?

Hier wirklich gut zu werden erfordert schon ein wenig mehr Aufwand. Da dies den Rahmen des Buches sprengen würde, habe ich ein viel genutztes System auf meiner Website hinterlegt. Schauen Sie mal unter ↗ www.peoplebuilding.de/zahlen-merken.

46. Wie kann man schriftliche Informationen schneller aufnehmen?

Mit dieser Frage rennen Sie bei mir offene Türen ein, da ich – neben Zeitmanagement/Zeitintelligenz – auf das Thema Schnelllesetechniken spezialisiert bin. Vorweg: Versprechungen bezüglich ein Erhöhung des Lesetempos um den Faktor zehn, zwanzig oder mehr bei gutem Textverständnis können meiner Erfahrung nach nicht gehalten werden. Eine Verdopplung des Lesetempos bei gleichem Textverständnis ist bei der Vermittlung effizienter Techniken und mit ein wenig Übung jedoch im absolut realistischen Bereich.

Welchen Nutzen hat dies? Führungskräfte verbringen im Schnitt ca. vier Stunden pro Tag mit Lesen. Bei fachlich arbeitenden Menschen reicht die Bandbreite von „fast gar nicht lesend" bis „fast nur lesend" – je nach Fachbereich. Aber auch hier sind drei Stunden und mehr pro Tag keine Seltenheit. Meiner Ansicht nach ist die Lesezeit der größte Zeitblock am Tag, über dessen Optimierung wenig bis gar nicht nachgedacht wird. Dabei sind ein guter Fortschritt und somit eine erheblich Zeitersparnis relativ leicht machbar.

Was ist das Geheimnis? Obwohl es schon Feinheiten gibt, die ich beispielsweise durch das Studieren der schnellsten Leser der Welt (die sechsfache Schnelllesewelt- meisterin hat beispielsweise ein 800-Seiten-Buch in 47 Minuten gelesen und gut verstanden) erfahren habe, sind es doch primär einfache Dinge. Sie können:

- Ihre Augenkontrolle verbessern (um weniger unkontrollierte Sprünge beim Lesen zu machen),
- Ihre sogenannte Blickspanne (Erfassung pro Augenfixierung) erweitern,
- Ihre Konzentration verbessern und
- Textaufbaumuster erkennen und nutzen.

Es ist möglich, das Wichtige vom Unwichtigen eines Textes zielsicherer zu unterscheiden, wenn man versteht, wie bestimmte Filtermechanismen im Gehirn funktionieren. Zudem kann das sprachliche Wahrnehmungstempo gesteigert werden. Jeder Baustein bringt einen kleinen Fortschritt, der in der Summe zu einer Steigerung führt, die die meisten Menschen nicht für möglich halten. Die Zeitersparnis ist so groß wie bei kaum einer anderen einzelnen Fähigkeit.

Sie merken vielleicht meinen Enthusiasmus für das Thema. Dieser rührt nicht primär daher, dass ich mich seit Jahren intensiv damit beschäftige. Es ist umgekehrt: Weil mich das Thema begeistert, beschäftige ich mich seit Jahren damit. Die viel wichtigere Frage in diesem Zusammenhang ist jedoch: Wann tun Sie es?

Und zum Abschluss des Informationsflut-Kapitels:

47. Wie behalte ich einen Überblick über meine Reisedaten?

Wenn Sie nicht regelmäßig beruflich unterwegs sind, dann überspringen Sie diese Passage. Für Vielreisende hingegen können manche Tipps dabei sein, die ihnen das Leben deutlich erleichtern.

Auf Reisen bieten Smartphones mit einem guten Kalender und einem Internetzugang deutliche Vorteile. Die Bahn und so gut wie alle Fluggesellschaften haben Apps, die auf die mobile (also bisher noch relativ langsame) Internetnutzung auf einem relativ kleinen Bildschirm zugeschnitten sind. Es ist beispielsweise sehr praktisch, unterwegs schnell schauen zu können, ob die Bahn pünktlich ist oder nicht. Vorbei sind dann die Zeiten, dass man spurtet, um den Zug zu erwischen – nur um dann festzustellen, dass er zehn Minuten Verspätung hat.

Von der Bahn und den meisten Fluggesellschaften können Sie einen Kalendereintrag zur herausgesuchten bzw. gebuchten Reise herunterladen. So müssen Sie den Kalendereintrag nicht eigenhändig eintippen. Am Rechner funktioniert das fast immer, oft auch mit dem Smartphone. Nach der nächsten Synchronisierung haben Sie dann die Daten sowohl auf dem Smartphone als auch auf Ihrem Rechner. Bei einer automatischen Synchronisierung müssen Sie hierfür noch nicht einmal aktiv etwas tun.

Viele Menschen nutzen das elektronische Flugticket schon lange. Ich treffe immer noch Menschen, die zwar ein Smartphone besitzen, aber glauben, dass dies sehr umständlich sei. Meiner Ansicht nach funktionieren diese Services sehr gut und sehr schnell, wenn man es einige Male gemacht hat.

Erfahrungsgemäß ist es auch sehr sinnvoll, die wichtigsten Kontaktdaten für eine Reise immer dabeizuhaben. Kopieren Sie also auch die wichtige Telefonnummer (vom Hotel, von Ansprechpartnern etc.) in Ihre elektronischen Reisedaten, sprich Ihren Kalendereintrag oder Ihr Adressbuch.

Eine gute Karten-App finde ich ebenfalls sehr nützlich. Hier können Sie Ihren Startort (Adresse oder den aktuellen Standort) und Ihr Ziel eingeben und noch präzisieren, ob Sie die Fußgänger- oder Autostrecke haben wollen. So können Sie beispielsweise schon vor der Ankunft an einem Bahnhof in einer Stadt, in der Sie nicht ortskundig sind, die Entfernung zum Zielort anzeigen lassen und somit leichter entscheiden, ob Sie zu Fuß gehen oder ein Taxi nehmen. Im Taxi ist es dann manchmal auch ganz interessant, die Route nachzuvollziehen.

Auf Geschäftsreisen ist es zudem sinnvoll, immer etwas zum Lesen, etwas zum Hören und etwas zum Arbeiten dabeizuhaben. Und: Eine meiner besten Ein-Euro-Investitionen war ein Paar Ohrenstöpsel, das ich an einem Automaten am Münchener Hauptbahnhof erstanden habe.

6. | Welche Best-Practice-Verhaltens-weisen gibt es, effizienter mit Zeit umzugehen?

6.1 Konzentration und Organisation

48. Was bedeutet „Gleich und Gleich gesellt sich gerne" für das Zeitmanagement?

Sicherlich kennen Sie den Ausspruch: „Gleich und Gleich gesellt sich gerne". Was aber bedeutet diese Aussage, übertragen auf ein möglichst effizientes Zeitmanagement?

Stellen Sie sich zwei Extreme vor:

Eine Person arbeitet völlig fragmentiert, indem sie hier eine E-Mail beantwortet, dort eine Planungsaufgabe erledigt, dann ein Telefonat führt, dann eine Statistik pflegt, dann wieder eine E-Mail ...

Eine andere Person hingegen hat gelernt, gleichartige Tätigkeiten zusammenzufassen, und macht jeweils einmal pro Monat einen E-Mailblock und einen Telefonblock, um den Rest des Monats keine E-Mails mehr beantworten und keine Telefonate mehr führen zu müssen.

Letzteres Extrem ist absurd und realitätsfern. Ersteres ist meiner Ansicht nach jedoch ähnlich absurd, aber in vielen Fällen sehr realitätsnah.

Wo liegt das Optimum? Natürlich – wie so oft – in der goldenen Mitte. Ich habe selten jemanden erlebt, der es mit dem Zusammenfassen gleichartiger Tätigkeiten übertreibt. Zu viel „Fragment-Werkeln" erlebe ich hingegen sehr, sehr oft.

Wie aber sollten Tätigkeiten zusammengefasst werden? Dies kann nach inhaltlichen Gesichtspunkten erfolgen (vor allem dann, wenn die Materie recht komplex ist) oder nach Tätigkeitsarten, also beispielsweise E-Mail-Blöcke, Telefon-Blöcke und „Kram-Blöcke". Und welche Vorteile hat es, Blöcke zu bilden? Blöcke verringern Ihre Leerlaufzeiten. Aus der Produktion kennt man hierfür den Begriff „Rüstzeiten", die es aber auch bei primär geistigen Arbeiten gibt. Sie brauchen eine gewisse Zeit, sich in eine Aufgabe hineinzudenken. Oft brauchen Sie auch für verschiedene Arten von Aufgaben auch andere Software oder unterschiedliche Unterlagen.

Ein Vorteil des Blockens, der vielleicht nicht so offensichtlich ist: Menschen, die stärker bündeln, können tendenziell auch besser einschätzen, welche Tätigkeit in welchen Zeitraum passt. Im Tagesablauf ist beispielsweise die eigene Konzentration nicht immer gleich hoch; es gibt zu bestimmten Zeiten häufiger Unterbrechungen als zu anderen und andere Personen sind mal besser und mal schlechter zu erreichen. Ein guter „Blockbilder" würde beispielsweise kaum auf die Idee kommen, seinen Telefon-Block auf 7.00 Uhr morgens zu legen.

49. Was ist unter dem Konzept des „abschnittsweisen Konzentrierens" zu verstehen?

Meiner Beobachtung nach zeichnen sich hoch produktive Menschen stark durch ein ausgeprägtes „abschnittsweises Konzentrieren" aus. Hiermit ist gemeint: Nachdem man einmal sinnvoll priorisiert hat, konzentriert man sich voll auf die jeweilige Tätigkeit.

Das klingt vielleicht banal, ist es aber nicht, denn wir leben mittlerweile in einer Welt der kurzen Aufmerksamkeitsspannen. Die meisten Menschen sind es gar nicht mehr gewöhnt, sich mehrere Minuten (geschweige denn Stunden) am Stück voll auf eine Sache zu konzentrieren. Mein persönlicher Erklärungsansatz ist der, dass dies vor allem an mangelnder Übung liegt.

Nehmen wir an, Sie haben festgelegt, in welcher Reihenfolge Sie Ihre Aufgaben bearbeiten wollen, und haben somit auch die nächste zu bewältigende Aufgabe definiert. Nun geht es darum, sich voll und ganz auf diese eine Aufgabe zu konzentrieren und alles andere auszublenden, bis die Aufgabe erledigt ist. Danach müssen Sie diese abgeschlossene Aufgabe voll und ganz hinter sich lassen und zur nächsten Aufgabe übergehen, um sich wiederum auf diese vollständig zu konzentrieren.

Wenn Sie sich vornehmen, wirklich so zu verfahren, und wenn Sie dies ein wenig üben, wird sich alleine hierdurch Ihre Produktivität mess- und spürbar steigern.

50. Wie steigere ich meine Konzentration?

Konzentration ist ein sehr wesentlicher Produktivitätsfaktor. Doch um sich konzentrieren zu können, müssen Sie zunächst möglichst gute Rahmenbedingungen für sich sicherstellen. Wer im Großraumbüro sitzt, hat es natürlich schwerer als jemand, der ein Einzelbüro hat und die Option, Telefonate auf die Zentrale oder das Sekretariat umzustellen.

Auf die Beleuchtung hingegen haben Sie vermutlich schon ein wenig mehr Einfluss. Die meisten Menschen können die optimale Helligkeit nicht richtig einschätzen. Achten Sie auf einen möglichst geringen Helligkeitskontrast zwischen Ihrem Bildschirm und der Umgebung. Es darf im Raum nicht so hell sein, dass der Bildschirm blendet, und auch ein hell erleuchteter Bildschirm in einem dunklen Raum ist nicht optimal.

Gehen Sie nach Möglichkeit wenigsten zweimal pro Tag für zwei Minuten (oder länger natürlich) nach draußen. Selbst an einem relativ trüben Tag ist draußen die Lux-Zahl erheblich höher als in einem gut ausgeleuchteten Raum. Was bringt das? Das hält Sie wach, weil geringere Mengen des Schlafhormons Melatonin ausgeschüttet werden.

Stellen Sie auch eine ausreichende Flüssigkeitsversorgung sicher. Es reicht jedoch nicht, z. B. eine Wasserflasche auf dem Schreibtisch zu haben; Sie müssen auch regelmäßig davon trinken. Wenn Sie das häufig vergessen, sorgen Sie für einen externen Anstoß (irgendeine Form von Timer[-Signal]), der Sie erinnert zu trinken, bzw. nehmen Sie sich vor, eine bestimmte Menge bis zum Feierabend zu konsumieren.

Sorgen Sie für einen guten Luftaustausch. Man merkt die schlechte Luftqualität meistens nicht, wenn diese schleichend schlechter wird. Vermutlich kennen Sie diesen Effekt, wenn Sie einmal einen Raum mit schlechter Luft verlassen haben und kurze Zeit später wieder reinkommen.

Über die genannten Faktoren hinaus können Sie Ihre Konzentrationsfähigkeit aber auch trainieren und sie so verbessern:

Versuchen Sie einmal, sich eine volle Minute nur auf einen Gegenstand zu konzentrieren. Vermutlich werden Sie feststellen: Das ist gar nicht so einfach. Und so zeigt diese einfache Übung, wie schlecht es oft um die Konzentrationsfähigkeit bestellt ist. Eine Minute kann sich *sehr* lang anfühlen.

Wenn Sie es jedoch schaffen, sich auf etwas relativ Langweiliges eine volle Minute zu konzentrieren, dann haben Sie „Luft nach oben" und Sie können sich vermutlich leichter auf Dinge konzentrieren, die zumindest ein wenig interessanter sind. Ein wirkliches Interesse an einer Sache kann erstaunliche Auswirkungen auf das Konzentrationsniveau haben. Und wenn etwas wirklich nicht ganz so spannend ist, so versuchen Sie doch, ob sie nicht zumindest ein paar interessante Teilaspekte ausmachen können.

51. Wie behalte ich die Übersicht über viele Themen?

Aufgaben und Zuständigkeiten werden typischerweise in einem Telefonat, einem persönlichen Gespräch oder im Rahmen eines Meetings definiert. Um den Überblick über Ihre zahlreichen Verpflichtungen zu behalten, gibt es zwei einfache Prinzipien mit zahlreichen Ausgestaltungsvarianten: Wiederholdung und Schriftform.

Wiederholung

Ich empfehle, am Ende eines Telefonats (oder Gesprächs bzw. Meetings) zunächst die eigenen Zusagen zu wiederholen. Somit stellen Sie sicher, dass Sie nichts vergessen haben, und geben den anderen Beteiligten die Gelegenheit zu ergänzen. Auch die anderen beteiligten Personen werden vielleicht von sich aus wiederholen, wozu sie sich verpflichtet haben. Wenn nicht, können Sie dies anstoßen. In beiden Fällen gibt es weniger Spielraum für Missverständnisse und mehr Zusagen werden später auch eingehalten. Somit ist dieser simple Akt ein großer Beitrag zu mehr Klarheit und Verbindlichkeit.

Schriftform

Natürlich macht es Sinn, zugesagte Aufgaben schriftlich festzuhalten. Wenn Sie etwas notieren, signalisieren Sie ganz nebenbei, dass Sie Ihre eigenen Zusagen ernst nehmen und dass Sie auch die Zusagen der / des anderen nicht einfach vergessen werden. Schon so manches Mal haben mir Menschen unter vorgehaltener Hand gesagt, dass Sie erst mal nichts von dem erledigen werden, was sie jemandem zugesagt haben, denn es sei bekannt, dass diese Person ohnehin die Hälfte vergessen werde. Eine solche Reputation sollten Sie tunlichst meiden – es sei denn, Sie wollen Ihre mit Nachhaken vergeuden.

52. Wie kann das Telefon zum Effizienzwerkzeug werden?

Im Alltag erlebe ich einen sehr unterschiedlichen Umgang mit dem Telefon. Grundsätzlich ist das Telefon ein hervorragendes Zeitspar-Instrument, wenn man selbstbestimmt mit ihm umgeht und es zur Erreichung von Kommunikationszielen nutzt. Damit bin ich schon bei einem einfachen, aber fundamentalen Aspekt: Machen Sie sich, noch bevor Sie eine Nummer wählen, klar, was die wichtigsten Ziele (oder zumindest Themen) für das Telefonat sind. Dann schreiben Sie diese stichwortartig auf. Für die meisten Gespräche bedeutet dies einen Aufwand von wenigen Sekunden. Diese Zeit holen Sie aber mehrfach wieder rein – durch ein strafferes Gespräch. In manchen Fällen kann es sogar sinnvoll sein, sich noch länger auf ein Telefonat vorzubereiten – wenn nämlich viel auf dem Spiel steht.

Wichtig ist in jedem Fall, dass Sie vor einem Telefonat eine Stichwortliste erstellen, denn mit diesem Instrument kommen Sie zügiger zu den wesentlichen Punkten. Selbst wenn Sie sich im Gespräch in den Bereich der Nebensächlichkeiten verlieren oder ein wenig Small Talk führen, kommen Sie im Regelfall durch die präsente Stichwortliste schneller wieder zu den eigentlich wichtigen Themen zurück. Auch wenn es banal klingt und ist: Durch die Liste vergessen Sie keinen zu besprechenden Punkt. Ihnen würde das sicher nicht passieren, aber es soll schon Menschen gegeben haben, die drei Punkte besprechen wollten und an den dritten Punkt erst dann wieder dachten, als sie bereits aufgelegt hatten.

Es gibt Menschen, die ihn regelmäßig haben, andere überhaupt nicht: den Telefontermin. Von einem herkömmlichen Telefonat unterscheidet sich der Telefontermin lediglich dadurch, dass das Telefongespräch zu einem vereinbarten Zeitpunkt stattfindet. Im Idealfall sind nicht nur der Startzeitpunkt, sondern auch der Endzeitpunkt fixiert. Welche Vorteile hat ein Telefontermin? Der Angerufene wird nicht aus einer anderen Tätigkeit herausgerissen und hat die Gelegenheit sich vorzubereiten. Wird sich der Angerufene deshalb immer vorbereiten? Nein, aber die Positiv-Quote ist erheblich höher. Somit spart ein Telefontermin Zeit – und Fehlversuche. Und allein für erfolglose Anrufversuche geht heutzutage ein nicht ganz unwesentlicher Anteil der Telefonzeit verloren. Zeit, die Sie sparen und wesentlich produktiver nutzen können.

Noch ein simpler Tipp zum Thema Telefonieren: Sammeln Sie die mit einer Person zu besprechenden Punkte an einer für Sie schnell auffindbaren Stelle. Dafür eignen sich oft die Kommentarfelder zum entsprechenden Eintrag in Ihrem elektronischen Adressbuch. Wenn derjenige Sie überraschend anruft, haben Sie Ihre Fragen schnell zur Hand, können sie direkt besprechen. Auch diese Maßnahme reduziert die Anzahl Ihrer Fehlversuche sowie die Gesamtdauer der Telefonate mit der betreffenden Person.

Auch Videokonferenzen können durchaus so manche Reise einsparen. Leider ist dies noch nicht in allen Organisationen möglich, da entweder die entsprechende Technik nicht vorhanden ist oder die entsprechenden Programme gesperrt sind.

6.3 Best-Practice-Tipps für effiziente Meetings

53. *Wie reduziere ich meine Zeit in Meetings?*

Viele Mitarbeiter und sehr viele Führungskräfte verbringen rund ein Drittel oder gar mehr als die Hälfte ihrer Arbeitszeit in Meetings. Meetings können durchaus eine sehr effiziente Arbeitsform sein, doch von dieser Optimalform sind viele dieser Zusammenkünfte noch weit entfernt. Wenn über das Thema in einem Seminar diskutiert wird, würde kein Teilnehmer zu dem Fazit kommen: „Für die Zukunft nehme ich mir vor, mehr Zeit in Meetings zu verbringen." – Das Gegenteil hingegen ist die Regel.

Meine erste Empfehlung zum Thema Meetings lautet: Fordern Sie im Vorfeld eine Agenda an und begründen Sie die ggf. damit, dass Sie sich vorbereiten möchten. Selten wird man Ihnen diesen verständlichen Wunsch abschlagen. Nicht nur verbessert dies die Möglichkeit der eigenen Vorbereitung. Eine Agenda erhöht die Wahrscheinlichkeit, dass das Meeting überhaupt sinnvoll vorbereitet wird.

Manchmal macht es nach Durchsicht der angedachten Tagesordnungspunkte Sinn, alternativ eine Telefonkonferenz vorzuschlagen. Aber Vorsicht: Die Telefonkonferenz ist nicht automatisch effizienter.

Wenn Sie im Vorfeld wissen, welche Punkte besprochen werden sollen, können Sie zudem besser prüfen, ob Ihre Anwesenheit überhaupt erforderlich ist. Vielleicht kann auch jemand anderes aus Ihrer Abteilung hingehen oder Ihre Assistenz. Oder vielleicht ist es gar nicht zwingend erforderlich, dass überhaupt jemand aus Ihrer Abteilung anwesend ist. Oft reicht es, wenn Sie in dieser Zeit telefonisch auf Abruf bereitstehen – um dann doch hinzuzustoßen oder die Fragen direkt am Telefon zu beantworten.

Oftmals ist es auch möglich, dass Sie nur am Anfang oder nur am Ende eines Meetings dabei sind. Dafür müssen allerdings die Sie betreffenden Themen gebündelt werden. Das lässt sich nicht immer einrichten, aber wesentlich häufiger als die meisten Menschen anfangs glauben.

Bevor Sie Sie eine Meeting-Teilnahme zu- oder absagen, stellen Sie sich auch Fragen wie die folgenden:

- Ist meine Wertschöpfung höher, wenn ich meine Zeit in diesem Meeting verbringe oder wenn ich am Arbeitsplatz Thema XY vorantreibe?
- Sind die Meeting-Themen wichtiger oder die Themen A und B, die ich in der Zeit erledigen könnte?
- Welche Nachteile hat es, wenn ich nicht am Meeting teilnehme, und welche Nachteile hat es, wenn ich die anderen Themen nicht bald erledige?

54. Wenn ich ein Meeting vorbereite: Worauf muss ich achten, um es produktiver zu gestalten?

Alleine schon mit dem Zeitpunkt eines Meetings kann man viel richtig und viel falsch machen. Ein Meeting sollte nicht nur einen definierten Anfang, sondern auch ein festgelegtes Ende haben. Darum sollte ein als einstündig geplantes Meeting nach Möglichkeit nicht auf 10.30 Uhr gelegt werden. Warum nicht? Weil es dann mit hoher Wahrscheinlichkeit länger dauert, nämlich genau bis zur Mittagspause. Wenn die Mittagspause bei Ihnen normalerweise um 12.00 Uhr beginnt, setzen Sie das Meeting nach Möglichkeit für 11.00 Uhr an. Dieses Prinzip lässt sich auch auf andere „natürliche Enden" übertragen, wie den Feierabend oder die Zeit vor einem Termin, den einige Teilnehmer wahrnehmen müssen.

Es ist erstaunlich, um wie viel effizienter – und das völlig ohne Kommunikationstraining – viele Menschen kommunizieren, wenn die Zeit begrenzt ist. Legen Sie deshalb auch unwichtige Themen, die gerne in epischer Breite ausdiskutiert werden, ans Ende. So wird der zeitliche Rahmen für diese Themen „natürlich" begrenzt, verstärkt durch den Effekt, dass etliche Teilnehmer einfach nur fertig werden wollen. Achten Sie auch darauf, dass jemand in der Gruppe dafür verantwortlich ist, regelmäßig an die noch vorhandene Zeit zu erinnern.

Experimentieren Sie bei kurzen Sitzungen auch mit „Stehungen", also mit Meetings im Stehen. Für eine halbtägige Veranstaltung ist diese Form nicht unbedingt zu empfehlen. Wenn es aber darum geht, ein Thema in beispielsweise 20 Minuten abzuhandeln, kann eine „Stehung" im Hinblick auf die Effizienz wahre Wunder bewirken.

Auch wenn Sie formal nicht in der Position sind (bzw. Sie sind auch formal in der Position, wollen aber nicht von dieser Gebrauch machen): Seien Sie derjenige, der die Produktivität des Meeting positiv beeinflusst. Dies können Sie schon durch eine sehr subtile Kommunikation, beispielsweise durch Fragen wie:

- Wo steuern wir gerade hin?
- Was wollen wir hiermit erreichen?
- Was soll am Ende dabei rauskommen?

Dies sind allesamt wirksame, ergebnisorientierte Fragen. Wenn sich die Gruppe (oder ein Teil hiervon) in den Details einer Sache verliert, dann lenken Sie das Geschehen durch Hinweise wie: „Nur zum Verständnis für mich, was ist der Kern der Sache?" Hiermit holen Sie die involvierten Personen wieder auf eine zieldienlichere Ebene, ohne auch nur im Ansatz aggressiv kommunizieren zu müssen.

6.3 Zeitmanagement und Effizienz – besondere Anforderungen an Führungskräfte

Nach dem Thema Meeting-Effizienz wenden wir uns nun einem Spezialthema zu, nämlich dem der besonderen Anforderungen an Führungskräfte in Bezug auf Zeitmanagement. Wer nämlich in eine Führungsposition aufsteigt, stellt fest: Plötzlich kommt die Verantwortung für ein Team hinzu, man ist in der Sandwich-Position und muss delegieren, um nicht in der Arbeitsmenge zu ersticken.

55. Was ändert sich, wenn ich Führungskraft werde?

Zunächst gilt es zu akzeptieren, dass man nicht mehr Teil des Teams ist – zumindest nicht in der bisherigen Form. Ihre Aufgabe besteht nun primär darin, das Team erfolgreich zu führen.

Wirkungsvoll zu führen bedeutet, unterschiedliche Menschen auf gemeinsame Zielsetzungen auszurichten. Was zunächst so einfach klingt, ist bei näherer Betrachtung sehr facettenreich. Menschen sind sehr verschieden, haben unterschiedliche Stärken und Schwächen sowie ihre ganz eigenen persönlichen Präferenzen und Zielsetzungen.

Gut zu führen bedeutet, situativ zu führen, also flexibel und konstruktiv auf unterschiedliche Personen und Situationen zu reagieren. Wenn Sie ein Team effektiv entwickeln wollen, dann ist entscheidend, dass jedem Teammitglied klar ist, wer welche Rolle innehat. Wenn Ihren Mitarbeitern nicht klar ist, was von ihnen erwartet wird, wird es Sie wesentlich mehr Zeit kosten, immer wieder nachzujustieren. Wenn Sie mit einem Mitarbeiter gemeinsam festlegen, welche Rolle er im Team hat, investieren Sie an dieser Stelle lieber ein bisschen mehr Zeit. Die daraus resultierende Klarheit wird sich später auszahlen.

Fördern und fordern Sie Ihre Mitarbeiter zugleich. Entscheidend ist die richtige Balance zwischen den Anforderungen und den Fähigkeiten eines einzelnen Mitarbeiters. Vermeiden Sie eine dauerhafte Überforderung, die im schlimmsten Fall im Burnout endet. Vermeiden Sie aber auch eine stetige Unterforderung, um den Bore-out zu vermeiden.

Geben Sie Ihren Mitarbeitern – egal negativer oder positiver Natur – immer höfliche, aber klare Rückmeldungen Bleiben Sie hierbei immer fair.

Ein typischer Anfängerfehler einer frisch ernannten Führungskraft ist, Dinge zu versprechen, die nicht gehalten werden können. Sagen Sie konkret nur zu, was auch in Ihrem Einflussbereich liegt. Wenn dies nur partiell gegeben ist, dann sagen Sie Ihre Unterstützung zu, weisen aber – wenn passend – auch offen auf Abhängigkeiten hin.

56. Warum ist für mich als Führungskraft gekonntes Delegieren so wichtig?

Die einfache Antwort lautet: Weil Sie sonst in Arbeit ertrinken. Es geht auch nicht primär darum, dass Sie Arbeiten, die Ihnen weniger Spaß machen, delegieren; manche unliebsamen Aufgaben sollten delegiert werden, manche sollten bei Ihnen bleiben. Entscheidend ist, dass Sie Freiräume für Ihre eigentlichen Führungsaufgaben haben. Hierzu gehören unter anderem strategische Aufgaben, Teamentwicklung, das Verbessern von Prozessen und schlichtweg das Erreichen von Zielen.

Für Sie ist ganz entscheidend, Wesentliches von Unwesentlichem zu unterscheiden, um sich mit Letzterem so wenig wie nur irgend möglich aufzuhalten. Deshalb ist es auch notwendig, manche anspruchsvollen Aufgaben zu delegieren, auch wenn das oft mit mehr (Zeit-)Aufwand verbunden ist als bei simplen Tätigkeiten. Zudem fällt Ihnen vielleicht das Loslassen oft deutlich schwerer. Schließlich kann es niemand so gut wie Sie selbst – vermeintlich oder tatsächlich. Gekonntes Delegieren verschafft Ihnen jedoch wichtige zeitliche Freiräume und führt im Idealfall zu motivierenden neuen Herausforderungen für Ihre Teammitglieder.

Und noch ein wichtiger Tipp: Hüten Sie sich davor, unüberlegt zahlreiche Zusatz-aufgaben zu übernehmen, egal aus welcher Richtung sie kommen: von oben, von der Seite und auch von unten.

Manche Mitarbeiter sind sehr geschickt darin, delegierte Aufgaben wieder zurück-zudelegieren. Wenn jemand ein Problem hat, dann lösen Sie dieses nicht, indem Sie die Aufgabe zurücknehmen. Leisten Sie Hilfe zur Selbsthilfe.

Überhaupt: Bestehen Sie generell auf bestimmte Regeln, nach denen Probleme an Sie herangetragen werden. Eine solche Regel könnte sein, dass der Mitarbeiter Ihnen mindestens drei Lösungsansätze präsentieren muss, wobei er die von ihm favorisierte Variante klar benennen soll. Das klingt vielleicht hart, führt aber spätestens mittelfristig dazu, dass Probleme wesentlich selbstständiger angegangen werden, was für alle Beteiligten deutlich von Vorteil ist. Als Führungskraft haben Sie vermutlich eine hohe Problemlösungskompetenz. Halten Sie sich dennoch zurück und coachen Sie Ihre Mitarbeiter auf dem Weg zur Lösung. Wenn Sie hingegen immer sofort selbst mit einer – noch so guten Lösung – aufwarten, erziehen Sie Ihre Mitarbeiter zur Unselbstständigkeit. Das ist für niemanden nützlich oder befriedigend.

Führen Sie Ihre Mitarbeiter primär, indem Sie sich über gewünschte Ergebnisse austauschen, und halten sich mit konkreten Anweisungen zur genauen Umsetzung zurück. Mit anderen Worten: Konzentrieren Sie sich auf das „Was" und lassen Sie die Mitarbeiter das „Wie" (innerhalb vereinbarter Rahmenbedingungen) selbst festlegen.

57. Was ist beim Delegieren wichtig?

Beim Delegieren kommt es vor allem darauf an, die sogenannten „W-Fragen" zu beantworten und auf Grundlage der Antworten klare Absprachen zu treffen. Die „W-Fragen" sind: Wer? Was? Warum? Wann? Und mit Abstrichen auch: Wie und womit?

- Klären bzw. definieren Sie: Wer ist für die Erledigung zuständig? Wer hat „den Hut auf" und wer ist sonst noch beteiligt?
- Erzeugen Sie größtmögliche Klarheit hinsichtlich des Ergebnisses: Was soll erledigt werden? Was ist der gewünschte Endzustand? Was soll anschließend besser sein als vorher?
- Investieren Sie wenigsten ein paar Sätze, um den Grund für die jeweilige Maßnahme zu erklären: Warum soll das Ganze gemacht werden? Dies mag Ihnen vollkommen klar sein; für Mitarbeiter sind die Gründe erstaunlich häufig nicht offensichtlich. Und mit der Begründung unterstreichen Sie nebenbei die Bedeutung des Beitrags, den der jeweilige Mitarbeiter leistet.
- Ganz entscheidend für die Verbindlichkeit einer delegierten Aufgabe ist die Festlegung des Fertigstellungstermins: Wann sollen Ergebnisse vorliegen? Bei einer hohen Komplexität ist natürlich auch die Festlegung von Meilensteinterminen hilfreich.

Ob es darüber hinaus sinnvoll ist, das „Wie" und das „Womit" eingehender zu erörtern, hängt stark von der Erfahrung, den Fähigkeiten und somit der Selbstständigkeit des jeweiligen Mitarbeiters ab. Vertrauen Sie Ihren Mitarbeitern, vernachlässigen Sie aber auch nicht ein notwendiges Maß an Kontrolle.

58. Warum ist die „Sandwichposition" so stressig?

In der sogenannten „Sandwichposition" muss eine Führungskraft sowohl den Anforderungen von oben als auch denjenigen von unten gerecht werden. Der Manager auf mittlerer Eben muss Vorgaben seiner Vorgesetzten umsetzen und Ergebnisse erzielen. Hierzu braucht er die Unterstützung seiner Mitarbeiter, deren Bedürfnisse er ebenfalls berücksichtigen muss.

Vielfach muss die mittlere Ebene den Druck zwischen den Hierarchieebenen austarieren. Wer sich in einer solchen mittleren Position befindet, steht von allen Seiten unter Beobachtung und muss sich selbst behaupten, wenn er bzw. sie in dieser Position bleiben und eventuell weiter aufsteigen will.

Wenn diese Beschreibung auf Sie zutrifft, haben Sie den Mut, offen mit Ihren Vorgesetzten und Mitarbeitern über die jeweiligen Erwartungen an Ihre Rolle zu sprechen. Finden Sie heraus, wie die einzelnen Personen – die über Ihnen und die unter Ihnen – „ticken" und was ihnen jeweils wichtig ist. Fragen Sie Ihren direkten Vorgesetzten, in welcher Form, Häufigkeit und Ausführlichkeit er beispielsweise Informationen und Berichte haben möchte. Vermeiden Sie im Umgang mit Ihrem Chef, einfach platt Nein zu sagen. Sprechen Sie lieber über Alternativen oder verhandeln Sie über Termine.

Geben Sie in alle Richtungen Ihr Bestes; seien Sie sich aber bewusst, dass Sie es nicht immer allen Beteiligten zu hundert Prozent recht machen können.

59. Wie manage ich ein Projekt effektiv?

Die Bedeutung von Projektarbeit

Die Projektarbeit nimmt in fast allen Branchen und Funktionsbereichen weiterhin zu. Eine erfolgreiche Mitarbeit in bzw. ein erfolgreiches Leiten von Projekten ist für Unternehmen aber auch für einzelne Karrieren zunehmend bedeutsam und gute Projektmanagementfähigkeiten sind gefragter denn je.

Ein Projekt hat, im Gegensatz zur sonstigen Teamarbeit, ein klar definiertes Ende mit einem klar messbaren Erfolg. Einerseits nimmt Projektarbeit zu, andererseits münden Projekte nur zu einem geringen Anteil in dem Erfolg, den man sich vorher von ihnen versprochen hatte. Das kostet Zeit, Geld und Nerven – die drei Faktoren, von denen es selten genug zu geben scheint.

Für die Karriere eines Einzelnen sind Projekte oft eine gute Gelegenheit, sich für zukünftige Aufgaben zu empfehlen und auf dem „Radarschirm" des Top-Managements aufzutauchen. Bei einem nicht erfolgreichen Projekt ist aber die genau gegenteilige Wirkung in der Praxis mindestens genauso häufig.

Effektive Planung eines Projekts

Ein wesentlicher Beitrag zum Projekt ist die Auswahl von Planungsinstrumenten und der Umgang mit ihnen. Wenn Sie als Projektleiter nicht gerade den Bau eines neuen Großflughafens planen, dann nutzen Sie aus der Vielzahl der verfügbaren Optionen einfache Instrumente, die nicht drei Monate Einarbeitungszeit erfordern. Die eingesetzten Instrumente sollten stets der Komplexität des Projektes entsprechen. Lassen Sie die Planungstechnik nicht die Komplexität der Sache erhöhen.

Nicht zu vernachlässigen: die Auftragsklärung

Entscheidend bei einem Projekt ist gleich zu Beginn die Auftragsklärung mit Ihrem Auftraggeber (z. B. Top-Management, Abteilung, Führungskraft eines Kunden-Unternehmens). Fehlende Klarheit am Anfang ist später schwer, manchmal überhaupt nicht mehr wettzumachen. Wenn Sie später also nicht vor unlösbaren Problemen stehen wollen, fragen Sie am Anfang lieber hartnäckig.

Im Umgang mit dem Auftraggeber ist es hilfreich, zunächst die Ressourcen zu verhandeln und daraus eine realistische zeitliche Planung abzuleiten. Wenn der geplante Fertigstellungstermin auf Basis der bereitgestellten Ressourcen nicht zufriedenstellend ist, dann benötigen Sie mehr Ressourcen. Auf jeden Fall aber müssen die beiden Faktoren (Ressourcen und Fertigstellung) klar in einen Zusammenhang gebracht werden und dürfen nicht isoliert betrachtet werden. Bringen Sie klar zum Ausdruck, dass überraschende Zusatzanforderungen entweder mehr Zeit oder mehr Ressourcen erforderlich machen und dass Extras während eines laufenden Projekts meistens deutlich schwerer einzubauen sind als gleich zu Beginn.

Das Projektteam

Generell sind Projekte meistens nur so gut wie ihre Planung. Dazu gehören Termine, Kosten, Ressourcen, Verantwortlichkeiten, die Dokumentation und Vereinbarungen hinsichtlich der Kommunikation. Investieren Sie zu Beginn eines Projekts in sinnvollem Umfang in Teambildungsmaßnahmen. Die Mitarbeiter eines Projekts werden hierdurch unterstützt, schneller zu einer eingespielten Mannschaft, in der jeder seine nicht-fachlichen und fachlichen Rollen kennt. Sehen Sie zu, dass es für jede entscheidende Rolle eine Zweitbesetzung gibt. Dies vermeidet personelle Engpässe in Projektphasen, in denen das wegen des Zeitdrucks mehr als ungünstig wäre.

Da kein Projekt ohne Risiko ist, gehört zum Projektmanagement auch ein gutes Risikomanagement. Risiken dürfen nicht ignoriert werden, sondern sollten mit den Beteiligten aktiv besprochen und in Form von Szenarien und deren Eintrittswahrscheinlichkeit behandelt werden, beispielsweise in Form eines Risiko-Workshops.

Häufig stellt sich bei Projekten die Frage, ob man zusätzlich noch externe Mitarbeiter hinzuzieht. Die Vorteile liegen vor allem darin, dass zusätzliche Kräfte die verfügbare Kapazität erhöhen, fulltime für das Projekt da sein können, häufig spezialisiert sind und oft andere Erfahrungen und Sichtweisen einbringen. Nachteilig sind primär die Kosten und der organisatorische Aufwand. Und wenn es nicht ganz so rund läuft, besteht auch die Gefahr, dass Externe gerne als Schuldige herhalten dürfen und es droht die Bildung von zwei Lagern (Interne vs. Externe). Die Integration der externen Mitarbeiter ist eine wesentliche Aufgabe des Projektleiters.

Abschluss und Auswertung

Viele Projekte werden gegen Ende schluderig behandelt. Hiermit meine ich, dass sie annähernd zu Ende geführt werden, aber nicht ganz. Der Grund hierfür liegt oft darin, dass das zwischenzeitliche vernachlässigte Tagesgeschäft oder das nächste Projekt nach Aufmerksamkeit „schreit". Das ist vor allem deshalb sehr schade, weil der volle Nutzen eines Projekts nicht zur Geltung kommt, obwohl hierfür nur noch ein relativ kleiner Aufwand notwendig wäre.

Im Idealfall, der leider meistens Theorie bleibt, gibt es nach Abschluss des Projekts noch einen Rückblick, verbunden mit möglichen Lerneffekten für die Zukunft. Diese Phase stufe ich als „wichtig, aber nicht dringend" ein. Die Frage ist auch hier, was in der Prioritätenfindung höher bewertet wird: Die Wichtigkeit oder die Dringlichkeit? Ganz allgemein besprochen beobachte ich eine in den letzten Jahren stark zunehmende Gewichtung der Dringlichkeit zulasten der Wichtigkeit. Ich halte das für keine produktivitätsfördernde Veränderung und empfehle konkret, in die andere Richtung zu arbeiten und die Wichtigkeit wesentlich stärker zu gewichten und nicht primär die Dringlichkeit.

60. Was ist die goldene Regel der Kommunikation und wie spare ich hiermit Zeit?

Die goldene Regel der Kommunikation lautet: Erst verstehen, dann verstanden werden.

Wenn Sie sich ein wenig Zeit nehmen, zunächst die andere Person zu verstehen, dann werden Sie sie anschließend leichter von Ihrem Anliegen überzeugen können – und sehr viel Zeit sparen.

Zuzuhören ist eines der größten Geschenke, das Sie einem Gesprächspartner machen können, denn Sie schenken ihm Zeit und somit Aufmerksamkeit und Bedeutsamkeit. Dieses Geschenk schließt beispielsweise aus, dass Sie während des Gesprächs regelmäßig andere Personen beobachten oder parallel einer anderen Tätigkeit nachgehen.

Aktives Zuhören bedeutet auch, das, was Sie glauben verstanden zu haben, in Ihren eigenen Worten wiederzugeben. Angenommen jemand erwähnt beiläufig, dass ihm eine pünktliche Rechnungsstellung bis zum Anfang des Folgemonats wichtig ist. Dann geben Sie in Ihren Worten wieder: „Ihnen ist es also wichtig, dass wir die Rechnung zum Monatswechsel stellen, um Ihre Buchhaltung nicht in Bedrängnis zu bringen." So fühlt sich Ihr Gegenüber ernst genommen und verstanden. Gleichzeitig können Sie sich auch vergewissern, dass Sie es tatsächlich richtig verstanden haben – und das hilft Ihnen, wenn es später darum geht, überzeugend die Vorzüge Ihres Hauses zu präsentieren. Ich empfehle Ihnen, Ihre Wiedergabe-Sätze im aktiven Zuhören so einzuleiten: „Nur dass ich Sie richtig verstehe ..." Mit dieser oder einer ähnlichen Einleitung fokussieren Sie sich voll auf das, was Ihr Gegenüber gesagt hat.

7. | Das eigene Zeitmanagement stetig verbessern

Es ist kein Selbstzweck, das eigene Zeitmanagement stetig zu verbessern. Vielmehr ist dies ein Mittel zum Zweck: um bessere Ergebnisse mit weniger Aufwand zu erzielen.

61. Was ist eine Stunde wert?

Hierauf könnte man antworten, dass Zeit unbezahlbar ist. Unter Effektivitäts- und Effizienzgesichtspunkten halte ich es für sinnvoll, den eigenen Stunden-Wert zu kennen. Hiermit sind die durchschnittliche Wertschöpfung pro Stunde beziehungsweise die Kosten für eine Stunde Ihrer Arbeitszeit gemeint.

Für einen Selbstständigen könnte man hierfür den durchschnittlichen Stundenlohn der berechneten Arbeitszeit ansetzen. Bei Angestellten gibt es eine einfache Faustformel: Sie nehmen das Bruttojahresgehalt und teilen es durch 2000. Wenn Sie also X-Tausend Euro pro Jahr brutto verdienen, dann ist der Näherungswert für Ihren Stundenwert gleich X. Die Logik dahinter ist, dass man grob 2000 Stunden pro Jahr arbeitet, also deshalb durch 2000 teilt. Da es aber neben den Bruttogehaltskosten noch weitere Kosten wie Lohnnebenkosten und anteilige Gemeinkosten gibt, multipliziert man das Ergebnis anschließend mit zwei. So läuft der Rechenweg – und natürlich können Sie ihn verkürzen, indem Sie gleich durch 1000 teilen. Diese Faustformel erhebt zudem keinen Anspruch auf wissenschaftliche Genauigkeit, ist aber für das eigene Zeitmanagement sehr nützlich.

Wenn Sie den eigenen Stundenwert kennen und ihn sich immer mal wieder vor Augen führen, entwickeln Sie ein zunehmend feineres Gespür für den Umgang mit Ihrer eigenen Zeit. Wenn Sie überlegen, ob Sie eine Tätigkeit selbst ausführen oder sie z.B. an einen Dienstleister übertragen oder delegieren, treffen Sie so zielsichere Entscheidungen. Machen Sie sich klar, dass es Sie etwas kostet, wenn Sie sich unnötig lange mit einer Tätigkeit aufhalten.

Ich weiß, was eine Stunde meiner Arbeitszeit kostet bzw. was sie bringen muss, damit die Aktivität einen Schritt nach vorne und nicht einen nach hinten bedeutet. Das macht es leichter, Nein zu sagen: zu vielen Plaudergesprächen, zu vielen Netzwerk-Veranstaltungen, zu vielen Anfragen und vielen Kooperationsvorschlägen.

Auch in einem Meeting kann es sehr hilfreich sein, sich und andere über den (Gesamt-)Stunden-Wert zu informieren. Dieser variiert natürlich, je nach Anzahl und Hierarchie-Ebene der Anwesenden. Selbst wenn der Stunden-Wert der Gruppe „nur" bei € 600 liegt – und die kommen schnell zusammen –, kostet jede Minute € 10 und zehn Minuten kosten € 100. Macht es dann wirklich Sinn, 20 Minuten lang über eine einmalige Einsparung von € 50 zu diskutieren? Nein, im Regelfall ist eine Ausgabe von € 200 bei einer späteren Einnahme von € 50 nicht sinnvoll.

Wenn Sie aus diesem Buch nichts anderes für sich herausziehen als sich zukünftig Ihres Stunden-Wertes regelmäßig bewusst zu sein, wird sich Ihr Zeitmanagement schon signifikant verbessern.

62. Was ist das Gas-Prinzip im Zeitmanagement?

Geben Sie mehr Gas! Selbst diese platte Aufforderung kann an einigen Stellen sinnvoll sein. Manche Tätigkeiten können schlichtweg schneller durchgeführt werden.

Spaß beiseite: Mit dem Gas-Prinzip ist jedoch etwas anderes gemeint. Gas hat die Eigenschaft sich auszudehnen, bis es an (physische) Grenzen stößt. Haben Tätigkeiten nicht eine ähnliche Eigenschaft? Sie haben die Eigenschaft sich (zeitlich) auszudehnen, bis sie an Grenzen stoßen.

Vermutlich haben auch Sie schon erlebt, dass Sie an einem bestimmten Tag nur drei Stunden im Büro hatten, aber das Wichtigste gut erledigt haben. An einem anderen Tag waren Sie zehn Stunden im Büro – und haben nicht wesentlich mehr geschafft. Daher ist es sinnvoll, Tätigkeiten von vornherein eine zeitliche Grenze zu setzen. Eine Planungsaufgabe mag wichtig sein, verdient aber beispielsweise nicht mehr als 60 Minuten Ihrer Zeit. Der Brief sollte schon beantwortet werden, aber mehr als 15 Minuten Aufwand verdient er nicht. Ein bestimmter Anruf oder Rückruf ist sinnvoll, sollte aber zum Beispiel nicht mehr als zehn Minuten kosten.

Gerade bei Tätigkeiten mit „Ausuferungspotenzial" ist es wichtig, eine zeitliche Grenze festzulegen. Dies gilt nicht nur für berufliche Aufgaben, sondern auch für manche privaten Tätigkeiten. Erwähnt sei hier beispielsweise das Surfen im Internet, das Fernsehen oder manch ein Telefonat in der Länge eines Spielfilms.

63. Wie „erziehe" ich mein Umfeld?

Andere zu erziehen – das klingt vielleicht verlockend. Darunter ist aber kein Befehl von oben herab zu verstehen, sondern eine positive Einflussnahme auf andere Menschen in Ihrem Umfeld. Und auch in diesem Zusammenhang ist die goldene Kommunikationsregel hilfreich: Erst verstehen, dann verstanden werden.

Fragen Sie zunächst die andere Person, ob es Dinge gibt, die Sie (aus Sicht des anderen) in der Zusammenarbeit besser machen können. Diese Frage können Sie auf gleicher Hierarchieebene stellen, aber auch „nach oben" oder „nach unten". Das bringt Ihnen zwei Vorteile:

Erstaunlich oft erhalten Sie brauchbare Informationen zur Verbesserung der Zusammenarbeit und oft auch zum besseren Verständnis der anderen Person. Die andere Person wird mit wesentlich größerer Wahrscheinlichkeit Ihre Verbesserungsvorschläge aufnehmen (Reziprozitätsprinzip).

Ich möchte Sie ermutigen, mit den Personen, mit denen Sie beruflich am meisten zu tun haben, über das „Wie" der Zusammenarbeit zu sprechen. Hierdurch signalisieren Sie, dass Sie an einem Strang ziehen, und finden oft simple Möglichkeiten zur Verbesserung der Abläufe. Und das funktioniert in der Praxis verblüffend gut. Häufig melden mir z. B. ehemalige Teilnehmer, dass sie zu ihrer Überraschung erfahren haben, dass ein anderes Dateiformat besser für den Empfänger ist oder die Person aufgrund einer älteren Office-Version immer den IT-Support bemühen musste, aber nie etwas gesagt hat. Eine Mitarbeiterin erzählte mir, dass sie jahrelang einen regelmäßigen, ausführlichen Bericht geschrieben hat – nur um eines Tages durch Zufall zu erfahren, dass eine wesentlich kürzere Variante dem vorgesetzten Empfänger deutlich lieber gewesen wäre. Woher soll die andere Person (oder man selbst) solche Dinge wissen, wenn nie darüber gesprochen wurde?

Und zum Schluss die gute Nachricht: Um eine Verbesserung zu erzielen, reicht es aus, wenn eine Partei den Anstoß zum Austausch liefert. Selbstverständlich wird man nicht in jedem Fall eine Verbesserung erreichen, doch erfahrungsgemäß funktioniert es bei mindestens einem Drittel aller beruflichen Kontaktpersonen mit der Verbesserung gleich auf Anhieb. Bei einem weiteren Drittel braucht man ein bisschen Geduld und oft ein wenig kommunikatives Geschick. Beim letzten Drittel können Sie kommunikativ probieren, was sie wollen: Es fruchtet nicht. Konzentrieren Sie sich auf die ersten zwei Drittel und üben Sie sich beim letzten Drittel in Gelassenheit. Zumindest auf Letztere haben Sie einen maßgeblichen Einfluss.

64. Wem geben Sie ein Stück von Ihrem Kuchen?

Stellen Sie sich vor, Sie haben 40 Kuchenstücke, die Sie jeweils nur einmal verteilen können. Die Kuchenstücke stehen für die 40 Stunden einer durchschnittlichen Arbeitswoche. (Vielleicht sind es bei Ihnen 20, 37, 55 oder 73 Kuchenstücke.) Gehen Sie sorgsam mit der Vergabe dieser Kuchenstücke um, denn ihre Anzahl ist begrenzt.

Und jetzt lernen Sie ein einfaches Analysewerkzeug kennen:

Zeichnen Sie Ihren „Ist-Kuchen" und Ihren „Ideal-Kuchen". Der „Ist-Kuchen" beschreibt die tatsächliche Verteilung Ihrer Kuchenstücke in einer einigermaßen repräsentativen Woche, möglichst ohne Verzerrung. Der „Ideal-Kuchen" beschreibt Ihre ideale Zeitverwendung, die zu einer maximalen Wertschöpfung führt. Diesen Idealzustand werden Sie vermutlich nie zu 100 Prozent erreichen. Spannend ist jedoch die Gegenüberstellung der beiden Kuchen. Welche Tätigkeit beansprucht im „Ist-Kuchen" wesentlich mehr Kuchenstücke als im „Ideal-Kuchen"? Bei welchen Tätigkeiten ist es umgekehrt? Denken Sie ernsthaft darüber nach, wie Sie – sofort oder mittelfristig – eine Verschiebung in Richtung des „Ideal-Kuchens" realisieren können.

Aus dieser einfachen Analyse werden häufig folgende Konsequenzen gezogen:
- weniger Zeit für Administratives, mehr Zeit für die eigentliche fachliche Tätigkeit,
- weniger Zeit für die Fehlerbehebung und mehr Zeit für die Fehlervermeidung,
- weniger Operatives, mehr Strategisches,
- mehr Zeit mit Kunden, weniger von allem anderen.

Und was ist Ihre persönliche Schlussfolgerung?

65. Was wäre, wenn Sie nur halb so viel Zeit hätten?

Stellen Sie sich vor, Sie hätten plötzlich nur halb so viel Zeit wie bisher, müssten aber weiterhin dieselben Ergebnisse hervorbringen. Bevor Sie dies als unrealistisch oder unfair abtun: Es ist (hoffentlich) nur ein Gedankenexperiment.
- Angenommen, Sie hätten tatsächlich nur halb so viel Zeit: Was müssten Sie dann verändern, um doch alles zu schaffen?
- Welche Prozesse müssten Sie verändern?
- Welche Fähigkeiten müssten Sie erwerben?
- Welche Strukturen müssten Sie schaffen?
- Wie müsste die Zusammenarbeit mit anderen Personen laufen?

- An welchen Stellen müssten Sie weniger Perfektion akzeptieren?
- Wo müssten Sie Nein sagen?
- Wo müssten Sie völlig umdenken?
- Worauf müssten Sie weniger und worauf müssten Sie mehr Zeit verwenden?

Wenn Sie zumindest einige dieser Fragen beantwortet haben, dann stellen Sie sich die Frage: Welche dieser Änderungen sind – auch wenn es nur ein Gedankenspiel war – dennoch sinnvollerweise umzusetzen? Häufig ist dieser Anteil recht hoch. Ich habe durchaus schon Menschen erlebt, die durch diesen Ansatz (ergänzt durch ein wenig Coaching) ihre Arbeitszeit um ein Drittel reduzieren konnten – und das oft bei besseren Ergebnissen.

Ich beziehe ganz klar Position zugunsten einer normalen Arbeitszeit, auch wenn ich weiß: Vor allem Führungskräfte und Selbstständige haben manchmal für einen dauerhaften Erfolg unvermeidbare Arbeitsspitzen. Aber auch für Selbstständige, Unternehmer oder Führungskräfte ist es in den meisten Bereichen absolut möglich, nicht dauerhaft 60- oder 70-Stunden-Wochen zu fahren. Wenn Sie vom Gegenteil überzeugt sind, dann stellen Sie sich die Frage ob es Personen in vergleichbaren Positionen gibt, die erheblich weniger Stunden investieren und genauso erfolgreich sind. Wenn dies wirklich nicht der Fall ist, dann fragen Sie sich, ob Sie nicht eine Ausnahme darstellen könnten. Wenn dies aus systemimmanenten Gründen vollkommen ausgeschlossen ist, dann stellen Sie sich die Frage, ob die Tätigkeit diesen großen Einsatz wert ist oder nicht.

Ich bin fest überzeugt, dass es möglich ist, sich selbst so zu positionieren und zu organisieren, dass man überwiegend interessante Dinge macht, deutlich überdurchschnittlich verdient und eine gute Work-Life Balance hat. Die gute Work-Life-Balance kann bei mehr als 40 Stunden pro Woche liegen, aber im Normalfall nicht mehr bei deutlich über 50 bis 60 Stunden.

66. Warum ist Transparenz so wichtig?

Wenn Sie Ihr Zeitmanagement verbessern wollen, dann ist es äußerst hilfreich zu wissen, wie Sie Ihre Zeit aktuell verbringen.

Hierzu gibt es eine einfache Übung:

Schreiben Sie eine Woche lang stichwortartig auf, was Sie gemacht haben und wie lange es gedauert hat. Am besten machen Sie dies unmittelbar nach Ende der jeweiligen Tätigkeit.

Am Ende der Woche sehen Sie dann, wie Sie Ihre Zeit wirklich verbracht haben.

Beim Abgleich des Ist-Zustandes mit der Planung für die betreffende Woche befinden sich die meisten Menschen irgendwo zwischen „etwas überrascht an einigen Stellen" und „völlig schockiert darüber, wie es wirklich ist". Aber das ist nicht entscheidend. Wichtiger ist, aus der tatsächlichen Zeitverwendung hilfreiche Rückschlüsse zu ziehen. Mithilfe dieser Übung stellen Sie leicht fest, was gut läuft und was nicht so gut läuft. In der Regel stellt sich dann automatisch der Ehrgeiz ein, besser zu werden. Meistens sind auch die Umsetzungsschritte ziemlich offensichtlich – hierzu brauchen Sie meistens keinen Zeitmanagement-Trainer oder Coach.

In Seminaren ist oft ein Teilnehmer dabei, der schon einige paar Male solche Wochen-Protokolle über die eigene Zeitverwendung geführt hat. Fast immer weiß er von positiven Erfahrungen und Lerneffekten zu berichten. Ich denke, dass dies ein gutes Argument ist, es ebenfalls auszuprobieren.

Ihre Auswertung kann auch eine gute Grundlage sein, um mit Ihrem Vorgesetzten ein Gespräch über Verbesserungen zu führen. Manche Verbesserungen können Sie ohne Unterstützung umsetzen, für manche hingegen benötigen Sie Rückendeckung oder eine praktische Hilfestellung.

Natürlich können Sie auch als Vorgesetzter Ihre Mitarbeiter bitten, eine Woche lang Protokoll über ihre Tätigkeiten zu führen. Aber seien Sie hierbei vorsichtig, dass dies nicht als Kontrollabsicht interpretiert wird. Auch hier ist hilfreich, wenn Sie es selbst für sich gemacht haben, positiv von Ihren Erfahrungen berichten und hieraus resultierend den Vorschlag unterbreiten, dass die Mitarbeiter dies auch tun. Bieten Sie Ihre Unterstützung durch ein anschließendes Gespräch an.

67. Wie wichtig ist Zeitmanagement überhaupt?

Vermutlich überrascht Sie diese Fragestellung gegen Ende des Buches. Wenn wir Zeitmanagement definieren als „gute Entscheidungen in Bezug auf die Verwendung unserer Zeit", dann wird deutlich, wie wichtig das Thema ist. Gibt es etwas Wertvolleres als unsere Zeit? Gibt es etwas Besseres im Leben als möglichst viel Zeit mit Tätigkeiten zu verbringen, die Freude, Sinn und Erfüllung bringen? Ich bin fest davon überzeugt, dass es nichts Besseres für die Steigerung Ihrer Lebensqualität gibt als eine Verbesserung der eigenen Zeitverwendung.

Ein gutes Zeitmanagement macht Sie produktiver, macht Sie gesünder (weil Sie u.a. weniger Stress oder mehr Zeit für Sport haben), lässt Sie mehr bewirken, selbstbestimmter leben, mehr verdienen, lässt Ihnen mehr Zeit für Bedeutsames und mehr

Zeit mit den Ihnen wichtigen Menschen. Ein sehr wesentlicher Faktor ist in diesem Zusammenhang der bewusstere Umgang mit Zeit. Machen Sie sich klar, dass Ihre Zeit begrenzt ist. Zeit kann man nicht lagern!

68. Warum ist es meist mühsam, seine Gewohnheiten zu verändern?

Wie das Wort Gewohnheit schon ausdrückt: Sie sind „es" (die Denk- bzw. Handlungsgewohnheit) gewöhnt. Das Paradoxe an Gewohnheiten ist: Schlechte Gewohnheiten gewöhnt man sich oft leicht an und gute Gewohnheiten gewöhnt man sich oft nur schwer an. Aber: Mit schlechten Gewohnheiten lebt es sich schwerer. Mit guten Gewohnheiten lebt es sich leichter.

Was sind schlechte und was sind gute Gewohnheiten?

Konzentrieren wir uns auf die positive Seite. Ziemlich unstrittig dürfte sein, dass hierzu unter anderem gehören:

- möglichst viel Zeit in einem emotional angenehmem Zustand zu verbringen,
- ab und zu eine Auszeit zu nehmen, in Form einer Pause, einer Stunde für sich selbst oder eines Urlaubs,
- ein wenig nachzudenken bzw. zu planen, bevor man mit der Aufgabe loslegt,
- konstruktiv zu sein,
- höflich und wertschätzend im Umgang mit anderen Menschen zu sein,
- weniger Geld auszugeben, als man einnimmt,
- Sport zu treiben und generell auf seine Gesundheit zu achten,
- Zeit mit seiner Familie zu verbringen,
- einen Beitrag zu etwas Größerem zu leisten.

Jetzt nehmen wir an, Sie wollen eine Gewohnheit verändern bzw. ein altes Verhaltensmuster durch ein neues Muster ersetzen. Egal ob es sich hierbei um etwas relativ Banales oder etwas sehr Grundlegendes handelt, empfehle ich die **„Strategie des externen Anstoßes"**. Hierfür suchen Sie sich – wie der Name sagt – einen externen Anstoß, der Sie in sinnvollen Abständen an Ihr Vorhaben erinnert. Ein solcher Anstoß kann etwas auf Ihrem Schreitisch sein, in Ihrem Handydisplay, im Auto, im Portemonnaie, im Badezimmer etc. Entscheidend ist, dass Sie – wenn Sie das Objekt sehen –tatsächlich an das Vorhaben erinnert werden.

Bevor ein Objekt als Anstoß funktioniert, muss man es meistens einige Male bewusst assoziieren. Dann erfolgt der gewünschte Anstoß automatisch.

Einige Beispiele:

Angenommen, Sie haben sich vorgenommen, anderen Menschen öfter etwas Wertschätzendes zu sagen. Dann stecken Sie morgens drei Münzen in Ihre linke Hosentasche. Bei jeder aufrichtig gemeinten Anerkennung wandert eine Münze von links nach rechts. Das beschleunigt die Umsetzung Ihres Vorhabens.

Wenn Sie sich vornehmen, regelmäßig eine Pause zu machen oder am Arbeitsplatz mehr zu trinken, dann nutzen Sie irgendeine Form eines Timers als externen Anstoß.

Wenn Sie sich vorgenommen haben, sich vor einem Anruf stichwortartige Notizen zu machen, dann befestigen Sie etwas am Telefonhörer, das Sie hieran erinnert, bevor Sie wählen.

69. Tun Sie sich mit manchen Vorhaben schwer?

Bei der Umsetzung von Vorhaben ist es oft hilfreich, sich selbst besser zu verstehen. Das ist oft leichter gesagt als getan. Ein erster Schritt in diese Richtung kann sein, sich selbst die Frage zu stellen, weshalb Sie sich mit der gewünschten Aktivität so schwer tun, warum Sie so wenig motiviert sind.

Das Wort Motivation hat seine lateinische Wurzel im Wort „movere". Movere bedeutet bewegen und Motivation hat viel mit Bewegung zu tun. Wer motiviert ist, hat – bewusst oder unbewusst – gute Beweggründe, etwas zu tun. Wer nicht oder nur gering motiviert ist, etwas zu tun, hat keine guten Beweggründe.

Hinterfragen Sie deshalb, ob Ihnen das Vorhaben wirklich wichtig ist oder ob Sie der Agenda einer anderen Person oder als Zwang empfundenen gesellschaftlichen Verpflichtungen folgen.

Manchmal gestaltet sich der Kampf gegen den inneren Schweinehund ganz leicht: Sie müssen das Thema einfach loszulassen und die innere Zerrissenheit löst sich auf. Vielleicht ist das Thema gar nicht so wichtig.

Doch wenn dieser Weg nicht funktioniert, gibt es gute Ansätze, die Ihnen helfen, sich leichter zu motivieren. Was sind *Ihre* wahren Beweggründe (nicht die Beweggründe anderer) zu diesem Thema? Es gibt zwei grundsätzliche Bewegungsrichtungen in der Motivation von Menschen: „Hin-zu-Gründen" und „Weg-von-Gründen". Das hat wenig mit Optimismus oder Pessimismus zu tun. Es gibt Menschen, die es eher motivierend finden, sich einen erwünschten Zustand vorzustellen, auf den sie sich *hin*bewegen. Andere motiviert es stärker, einen als nicht so angenehm empfundenen Zustand zu verlassen, sich von dort *weg*zubewegen. Keine dieser beiden Motivations-Richtungen ist besser oder schlechter als die jeweils andere. Wenn Sie für sich Klarheit darüber erlangt haben, in welche Richtung Sie leichter zu motivieren sind, werden Sie in Zukunft so manches Vorhaben leichter umsetzen können.

Beispiel:

Angenommen, Sie haben sich vorgenommen, zukünftig einen bestimmten Geldbetrag oder Einnahmenanteil zur Seite zu legen, statt alles auszugeben.

Wenn Sie eher durch „Hin-zu-Gründe" motiviert werden, malen Sie sich vielleicht Ihre künftige finanzielle Freiheit aus und die Dinge, die Sie sich mit dem Geld leisten können, beispielsweise Ihr Traumhaus.

Wenn auf Sie eher „Weg-von-Gründe" motivierend wirken, fokussieren Sie eher auf Ihre derzeitige finanzielle Abhängigkeit und darauf, dass Sie von Monat zu Monat rechnen müssen, ob das Geld reicht. All das wollen Sie nicht mehr – und deshalb setzen Sie sich in Bewegung, um etwas zu verändern.

Dieses Geldbeispiel ist natürlich nur stellvertretend für viele andere mögliche Vorhaben. Welche Gewohnheiten wollen Sie positiv verändern?

70. Was ist die „Lächerlich-kleine-Teile-Methode"?

Viele größere Vorhaben sind mit einem größeren Aufwand verbunden. Deshalb ist es kein Wunder, dass es immer eine Hemmschwelle gibt, überhaupt anzufangen.

> **Mein Tipp:** Stückeln Sie das Vorhaben in lächerlich kleine Teile und nehmen sich lediglich den ersten, lächerlich kleinen Anteil vor.

Ein Beispiel:

Einer meiner Klienten im Einzelcoaching kam mit dem Vorhaben zu mir, mehr Sport zu treiben. Er hatte ein Unternehmen erfolgreich aufgebaut, was ihn stark gefordert hatte. In der letzten Zeit war es ihm jedoch gelungen, sich Freiräume zu verschaffen und sein Arbeitspensum auf ca. 30 Stunden pro Woche zu reduzieren.

Ich fragte ihn, ob er irgendwann schon einmal regelmäßig Sport gemacht habe. Er sagte, er habe seit rund zehn Jahren keinen Sport mehr getrieben. Davor aber war er regelmäßig gelaufen – sogar zehn Kilometer täglich, vor der Arbeit. Er kategorisierte sich selbst als „Alles-oder-nichts-Typ" und nahm sich vor, ab sofort jeden Tag wieder zehn Kilometer zu laufen.

Was ist passiert? Richtig, er ist kein einziges Mal gelaufen. Die notwendige Überwindung war zu groß. Wir haben daraufhin vereinbart, dass er jeden Morgen lediglich seine Laufschuhe anzieht und 100 Meter läuft. Wenn er Lust habe weiterzulaufen, solle er das tun. Wenn nicht, sei dies ebenfalls bestens.

Was ist passiert? Richtig, er ist jeden Morgen gelaufen – mal mehr, mal weniger. Die Überwindung war nicht annähernd so groß.

Diese Strategie können Sie leicht auf Ihr Vorhaben übertragen. Jetzt fordere ich Sie auf, wenigsten eine positive Veränderung für sich festzulegen und einen lächerlich kleinen ersten Schritt zu definieren. Diesen setzen Sie sofort um oder terminieren ihn zumindest sehr zeitnah. Jetzt liegt es an Ihnen. Packen Sie es an. Jede Verbesserung zählt!

„Infotainment auf höchstem Niveau!" (Handelsblatt über Redner Zach Davis)

Der Redner:

Zach Davis begeistert seit über einem Jahrzehnt auf 120 bis 160 Veranstaltungen jährlich durch seine mitreißende Rhetorik, seine Tipps mit einem Sofort-Nutzen und seine sehr unterhaltsame Art. Zach Davis ist (fast) immer der richtige Redner für Ihre Veranstaltung!

Die Schwerpunkte:

Zach Davis thematisiert zwei spezielle Herausforderungen:

1) Die steigende Informationsflut und

2) Die zunehmende Zeitknappheit.

Mit seinen Schwerpunkten „PoweReading" und „Zeitintelligenz" liefert er jeweils entscheidende und sehr pragmatische Lösungsbeiträge hierzu.

Die Veröffentlichungen:

1 – Bestseller-Buch „PoweReading®", 5. Auflage (Leseeffizienz)

2 – Video-DVD „PoweReading®-Automatic-Trainer" (Leseeffizienz)

3 – Audio-CD „PoweReading®-Nachhaltigkeits-Trainer" (Leseeffizienz)

4 – Video-CD „Power-Brain" (Merkfähigkeit)

5 – Bestseller-Buch „vom Zeitmanagement zur Zeitintelligenz"

6 – Video-DVD „Der Effektivitäts-Code©: Mehr schaffen in weniger Zeit"

7 – 8-teilige Audioserie „Der Effektivitäts-Code©: Hochproduktivität"

8 – Jahresprogramm „Der Effektivitäts-Code©: Gewohnheiten leicht ändern"

9 – Taschenbuch „Top oder Flop in Weiterbildung und Personalentwicklung"

10 – Multiautoren-Buch „WARUM - 22 Fragen an Top-Referenten"

Film über Zach Davis:

www.peoplebuilding.de/zach-davis/vita-film

Ihr Kontakt:

Peoplebuilding, Management Zach Davis, Egerlandstr. 80, 82538 Geretsried, Tel.: 08171-23842-00, info@peoplebuilding.de, www.peoplebuilding.de. Unterlagen (Portrait, Referenzschreiben etc.) erhalten Sie auf Anfrage gerne!